21 世纪高等院校艺术与设计系列丛书
2015 年度教育部人文社会科学研究青年基金项目
《面向中国环保未来的纸民用家具设计研究》（编号 15YJC760010）最终成果

环保瓦楞纸产品设计

陈书琴　著

北京大学出版社

PEKING UNIVERSITY PRESS

内 容 简 介

本书所论述的"纸产品"是指运用瓦楞纸、蜂窝纸或特种纸等具有一定硬度的纸材制作的具有功能性的产品。这些纸产品包括纸家具、纸玩具、纸生活用品、纸展示道具等一切具有特定功能的产品。其他单纯装饰性的纸产品，如贺卡、纸艺、纸雕之类的或只具有普通书写功能的纸产品，不在本书论述的范围。

本书针对"本土"纸产品展开论述，即针对开发适应本土市场、适合国内消费者的纸产品设计方法和原则展开论述。全书共5章，第一章为概述，主要介绍纸产品的概念、纸产品制作的三种主要纸材，以及纸产品在本土市场的设计与销售状况及成因；第二章介绍纸产品的结构及形式；第三章是本书最重要的部分，介绍纸产品开发设计的三种境界、竞争对手，以及纸产品在本土市场的适用人群及设计方法与原则；第四章欣赏并分析国内外典型纸产品设计案例；第五章介绍废旧纸箱改造成家居产品的方法。

本书内容通俗易懂，结构条理清晰，适合高校师生和从事纸产品开发设计工作的人员，以及有志于践行绿色生活方式的非专业人士学习和阅读。

图书在版编目 (CIP) 数据

环保瓦楞纸产品设计 / 陈书琴著 . —北京：北京大学出版社，2019.12

（21 世纪高等院校艺术与设计系列丛书）

ISBN 978-7-301-31065-6

Ⅰ . ①环⋯　Ⅱ . ①陈⋯　Ⅲ . ①瓦楞纸板—产品设计—高等学校—教材　Ⅳ . ① TB484.1

中国版本图书馆 CIP 数据核字 (2020) 第 017468 号

书　　　名	环保瓦楞纸产品设计
	HUANBAO WALENGZHI CHANPIN SHEJI
著作责任者	陈书琴　著
策 划 编 辑	孙　明
责 任 编 辑	孙　明
标 准 书 号	ISBN 978-7-301-31065-6
出 版 发 行	北京大学出版社
地　　　址	北京市海淀区成府路 205 号　　100871
网　　　址	http://www.pup.cn　　　新浪微博：@ 北京大学出版社
电 子 信 箱	pup_6@163.com
电　　　话	邮购部 010-62752015　　发行部 010-62750672　　编辑部 010-62750667
印 刷 者	三河市北燕印装有限公司
经 销 者	新华书店
	787 毫米 ×1092 毫米　16 开本　11.25 印张　243 千字
	2019 年 12 月第 1 版　2019 年 12 月第 1 次印刷
定　　　价	69.00 元

未经许可，不得以任何方式复制或抄袭本书之部分或全部内容。

版权所有，侵权必究

举报电话：010-62752024　　电子信箱：fd@pup.pku.edu.cn

图书如有印装质量问题，请与出版部联系，电话：010-62756370

序　一

在日常生活中，瓦楞纸是一种司空见惯的包装材质，在几乎所有人的意识中，它是一种保护着昂贵的"宝贝"而来的物质，也是拆开、取物后即被丢弃的"廉价"物质。

瓦楞纸作为"纸"的重要品类之一，从生产环节开始就会对环境造成严重的污染。因此，自20世纪末以来，人们一直在探索和研究能够控制、降低与消除瓦楞纸对环境的危害的技术与方法。新的造纸技术的应用与普及、对瓦楞纸产品的回收再利用理念的推广，以及通过设计创新和拓展来提升瓦楞纸的使用价值等方式，已日益受到大众的广泛关注，并在实践中得到应用，人们对瓦楞纸的认知也正在发生快速的改变。

大量中外设计师、瓦楞纸企业推进的产品设计探索与落地实践，已令"瓦楞纸产品"成为纸产品产业中一个快速实现规模化发展的新品类。而设计师与工程师针对瓦楞纸刚性、抗冲击性、耐用性、防水性等各种使用特性上的强化创新，大大地拓展了瓦楞纸在建筑、防灾、商场、居家、文化教育、商贸展览、社会活动等各种场景中的应用。

然而，聚焦于瓦楞纸产品设计的研究与论著，却在当下国内的设计研究与成果发表中非常少见。因此，由陈书琴女士潜心撰写的《环保瓦楞纸产品设计》一书，则成为难得的填补空白之作。

本书集聚了作者多年来持续进行调查研究、教学探索与设计实践的心血，由剖析大量案例入手，对瓦楞纸产品设计的发展历程与设计方法进行了深入、缜密的梳理与论述，并对产业的应用前景提出了前瞻性的设想。本书内容图文并茂，表述简明扼要。本书将会推动纸产品企业的设计创新能力及促进高等院校相关专业人才培养水平的双提升。

广州美术学院教授

广东省工业设计协会副会长

童慧明

2019 年 11 月

序 二

在当代产品设计艺术语境中，理念的发散得到无限的延伸，材料与观念的融合成为表现力拓展的重要途径。《环保瓦楞纸产品设计》一书正是环保理念、纸质材料、观念表达、产品设计、市场开发综合拓展的典型论著。

本书内容图文并茂，表述浅显易懂，论述条理翔实，多有创见。本书将启发高等院校师生和纸产品设计师的创作灵感、增强纸产品生产企业的开发信心，为广大民众践行绿色生活方式提供选择与参考。

本书作者陈书琴女士一直在绿色环保这一重要领域中执着追求、潜心研究，进行纸产品开发设计及教学实践已有十余载。她积累了大量的资料和原创作品，如今终于撰写完成并出版。其精神难能可贵，更可贵之处在于本书的论述风格及特色。

　　作为她的挚友援笔为序，欣然之至。

仲恺农业工程学院何香凝艺术设计学院首任院长、教授

广东商业美术设计行业协会副会长

尚 华

2019 年 8 月

序　三

早在 1970 年，美国设计理论家维克多·帕帕奈克就在其著作《为真实的世界而设计》中，强调了设计师对生态环境与社会的责任，他认为设计师应认真考虑地球资源的有限性，应为保护地球环境服务。《环保瓦楞纸产品设计》一书正是广大学者、设计师们探索可持续性设计所取得的众多成果之一。

纸的生产对环境有一定的污染，而现实中纸的浪费却又非常巨大，这更加剧了纸对环境的危害。除了不断地探索新的技术方法来控制、防治或消除造纸对环境的影响外，对纸的利用及回收再利用也是减少环境破坏的重要和有效的途径。基于这个目的，近一个世纪以来，纸产品的设计、生产和使用的研究与探索在世界诸多国家和地区都有展开。我国在这方面的研究和探索较之西方发达国家还有不小的差距。本书作者陈书琴女士正是我国众多看到这方面工作重要意义与价值，并带着强烈的使命感积极投入研究和探索的学者之一。

在本书中，作者基于自己十余年的调查研究、教学探索与设计实践，并结合大量纸产品案例，对瓦楞纸产品设计开发的中外历史发展、纸材料的认识、纸产品的优缺点、纸产品的结构与形式风格、纸产品的设计原则与方法等进行了梳理与系统阐述，并形成了自己独到的见解。本书的出版，无论是对纸产品设计开发的专业教育及企业纸产品研发生产，还是对人们环保意识的提升和可持续发展的生活方式的建构，都有良好的参考价值。

华南理工大学设计学院教授

教育部高等学校工业设计专业教学指导委员会委员

管少平

2019 年 10 月

前　言

　　1871 年，美国人发明了单面瓦楞纸板，并将其用于包装玻璃灯罩和易碎物品。19 世纪末，美国人开始研究用瓦楞纸板制作包装运输箱。1920 年，日本人发明双瓦楞纸板，之后瓦楞纸板的应用在全世界迅速推广开来。我国在 20世纪 50 年代才开始推广使用瓦楞纸箱，技术起点较低。改革开放以来，我国瓦楞纸箱业发展迅速，目前我国已经成为继美国之后世界第二大瓦楞纸板生产国。

　　这些用于制作包装纸箱的瓦楞纸板可以通过结构设计实现与传统家具一样的承重功能，而且纸家具重量只有传统家具重量的 20% ~ 30%，这样可以有效地减少运输成本。另外，纸产品能有效地促进资源利用，纸家具可以回收 15 ~ 17 次，能很好地解决木制旧家具回收难、能耗高等问题。故而在家居设计中，家具与日用产品采用瓦楞纸板作为材料，正好符合绿色设计的趋势与环保的要求。

　　纸家具进入我国已有十余年的时间，但十余年过去了，国内的纸家具和日用产品一直得不到消费者的认可，因而没有得到深入的开发和利用。

国内的一些包装纸箱厂，如惠州华力包装有限公司是一家规模宏大的大型包装印刷企业，除了稳定的纸箱、包装业务外，一直希望运用自身丰富的材料资源开发新产品，拓展更为广泛的纸产品业务。目前该厂开发设计了一些纸家具，进行了探索性的尝试，但一直苦于没有较好的产品，因此没有大批量投产上市。

造成纸产品在国内市场无法推广的原因有很多，其中一个主要的原因是目前开发的纸产品没有针对本土市场和消费者的需求进行开发设计；另一个原因是企业不知如何将纸产品与用其他材料生产的同类产品拉开距离，在竞争优势方面也没有进行深入研究与剖析；等等。本书将在研究以上问题的基础上，深入探讨纸产品的设计方法和趋势，力求为企业提供一套行之有效的设计策略，规避因盲目设计而导致的风险。

期望本书的研究成果，对企业生产的纸产品投入市场具有实际指导意义，对人们践行绿色生活方式也有参考价值。

陈书琴

2019 年 6 月

目　录

第 1 章　概述

　　随着社会的发展和人们环保意识的加强，可拆卸、便于回收的绿色环保产品越来越受消费者的青睐。以无毒、无污染、易回收、易降解、可循环利用等特点为原材料制作的纸产品具有质轻、便利、环保、经济、制作简单等特性，是一种新型的产品形态，逐渐受到人们的关注。鉴于国外纸产品市场的蓬勃发展，我国一些纸产品企业受到了启发，纷纷开发各类纸产品，包括纸家具、纸玩具等。本章就围绕纸产品的概念、国内外纸产品的设计与销售现状进行分析。

1.1 概念释义

1.1.1 认识瓦楞纸

瓦楞纸是由挂面纸和通过瓦楞棍加工制成的波形瓦楞纸黏合而成的板状物（图 1–1~ 图 1–3）。瓦楞纸具有极好的加工性，改变芯纸的层数和瓦楞的形状和尺寸，可得到不同种类的瓦楞纸板（图 1–4 和图 1–5）。可根据需求，方便地对瓦楞纸进行裁切、开槽、冲孔、接合、折叠等加工。瓦楞纸还具有质地轻、运输方便、造型灵活等使用优势。此外，刚柔兼备是瓦楞纸最大的特点，瓦楞纸板有着相当高的耐破强度和耐戳穿强度，可作为力量缓冲和承重的材料，多层的瓦楞纸板甚至可用于包装重型的商品，如摩托车等。可见，瓦楞纸板的强度是可以用来制作家具等大型产品的。瓦楞纸也是成本低廉的实用材料，材料成分有 80% 是纸材料，生产成本远低于木材、金属、塑料、玻璃等其他材质。同时，瓦楞纸材料是完全符合可持续发展要求的材料，其回收利用率达到了 70%~80%，而且可以多次循环利用。当瓦楞纸因循环使用多次而导致纤维过度损坏时，可以直接对其进行焚烧或者掩埋降解处理，这样不会对环境产生污染。

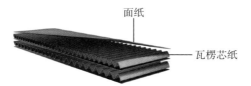

图 1-1　瓦楞纸结构示意图
（苏颖君的论文《纸材家具模块化设计研究》中的图片）

图 1-2　单瓦楞纸板

图 1-3　单瓦楞纸板结构示意图

图 1-4　双瓦楞纸板

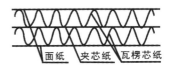

图 1-5　双瓦楞纸板结构示意图

一、瓦楞纸作为家具等产品的优点

（1）环保性。瓦楞纸可以回收 15~17 次，能循环使用，废弃后可自然降解。相对而言，木质家具回收利用难度较大，且能耗高、工艺复杂（图 1-6）。

（2）经济性。瓦楞纸的原料来源广泛，生产成本较其他材料低。

（3）装饰性。瓦楞纸的表面触感细腻自然，方便印刷，在其上可印刷丰富的色彩图案，具有极强的装饰效果（图 1-7）。

（4）体验性。因瓦楞纸产品材料的特殊性，通常一件家具或产品的结构都是通过纸板之间的折叠或插接实现的，可以通过人工拼装而成，有点DIY的体验意味，丰富了人们的家居生活（图1-8）。

（5）方便运输。瓦楞纸产品普遍具有可拆装的特点，且重量轻，适宜多次运输。

回收15~17次

图1-6　纸材与木材环保性对比示意图

图1-7　纸产品的装饰性（Kubedesign 公司的产品）

图1-8　纸产品的体验性（David Graas 的作品）

二、瓦楞纸作为家具等产品的缺点

（1）强度与稳固性差。纸质家具因纸材料的特殊性，通常通过穿插、折叠及胶粘方式实现结构组装，相对于木家具部件之间采用螺钉结合的方式来说，显然强度与稳固性要差得多。

（2）防水性弱。纸因其组成结构是纤维，既具有弹性体那种弹性变形的特性，也具有流体的应力与变形成正比的塑性变形特性。因此，在纸产品的表面就不能长时间地留有液体，一旦液体渗入纸板中，纸产品就会变形、破损（图1-9）。

图1-9　瓦楞纸作为家具防水性较弱

（3）使用寿命短。根据材料对家具进行分类，除纸质家具外，还有木制家具、金属家具、塑料家具、玻璃家具、藤材家具、石材家具、软体家具等。综合比较而言，纸质家具在这些家具中的使用寿命最短。

了解了瓦楞纸的优缺点之后，设计师在设计时就应根据纸材料的特殊性进行设计。

三、瓦楞纸的受力方向

由于瓦楞纸板属于各向异性材料，因此在不同方向的受力不同，在加工前需要注意瓦楞纸板的切割方向和折叠方向，以确保其纸板的性能达到最佳。瓦楞纸板水平方向和竖直方向受力部位见图1-10。图1-10（a）图为平面受力，图1-10（b）图为与瓦楞纹理成90°的受力，图1-10（c）

图为顺着瓦楞纹理的受力。在家具这类需要承重的纸产品中，常用图 1-10（a）
和图 1-10（c）所示的受力方向。

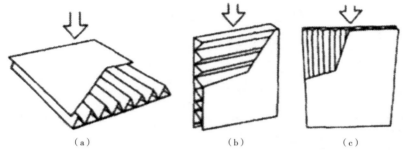

（a）　　　　　　　　（b）　　　　　　　　（c）

图 1-10　瓦楞纸板水平方向和竖直方向受力部位
（张璐霞的论文《瓦楞纸板家具的可玩性设计研究》中的图片）

1.1.2　认识蜂窝纸

　　蜂窝纸是根据蜂巢的结构原理生产制作的纸质材料。人们通过昆虫学
和仿生学等学科对蜂巢进行研究发现：蜂巢六边形的造型是使用材料最
少，但构建结构最稳固的杰作。多个六边形墙面的排列和连接形成的网，
可以分散和承受来自各个方向的力，故而蜂巢结构的抗压能力也是最强的。
受此启发，人们将成本低廉、绿色环保的纸质材料制作成连续的蜂窝结构，
并得到了很好的实验结果。于是，具有优良结构性质的、物美价廉的蜂窝纸
应运而生。蜂窝纸具有强大的缓冲性能和抗压能力，成为包装业中极具优势
且不可替代的新型材料，同时也正在家具业、建材业中被广泛应用。

　　蜂窝纸主要分为蜂窝芯纸和面板两大部分。蜂窝芯纸是用纸质材料按
照蜂窝结构造型，并按照一定的尺寸有规律地反复排列、折叠，经过胶
合、挤压而制成的支撑芯材。蜂窝纸板是由蜂窝芯纸、面板、胶黏剂组
合而成的（图 1-11 和图 1-12）。蜂窝纸板与瓦楞纸板有很多相似之处，
它们的区别主要在于蜂窝纸板中间是蜂窝芯纸，而瓦楞纸板中间是瓦楞
芯纸。

　　蜂窝纸板的生产成本低廉，1t 蜂窝纸板可以代替 30~50m³ 木材，而生
产成本只有木材的 1/3。抗压实验证明，将同样的力施加于实心的木板上和

蜂窝纸板的垂直面上，所产生的弯曲程度相差无几。但是，蜂窝纸板的自身重量要比木板的重量轻 80%，相对于木板来说，蜂窝纸板可以称得上具有"四两拨千斤"的能力。

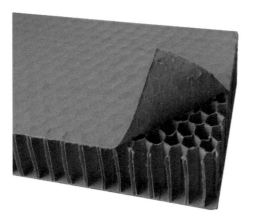

图 1-11　蜂窝纸板的结构

图 1-12　蜂窝纸板

一、蜂窝纸作为家具等产品的优点

（1）重量轻，用料少，成本低。蜂窝纸与其他板材结构相比，具有较高的比强度，因而其制成品的性能价格比高。这是蜂窝纸应用取得成功的关键。

（2）强度高，表面平整，不易变形。蜂窝夹层结构近似各向同性，结构稳定性好，不易变形，其突出的抗压能力和抗弯能力是箱式包装材料需要的最重要的特性。

（3）抗冲击性和缓冲性好。蜂窝纸由柔性的芯纸和面纸制成，具有较好的韧性和回弹性。独特的蜂窝夹芯结构提供了优异的缓冲性能。在所有的缓冲材料中，蜂窝纸具有更高的单位体积能量吸收值，厚度大的蜂窝纸可替代现已大量使用的聚苯乙烯泡沫缓冲垫。

（4）吸声，隔热。蜂窝夹层结构内部为封闭的小室，其中充满空气，因此具有很好的吸声和隔热性能。

（5）无污染，符合现代环保潮流。蜂窝纸全部由可循环再生的纸材制作，使用后可以百分之百地回收利用。蜂窝纸箱生产过程中的废品及边角余料也可模切后进行黏合，制成各种形状的蜂窝状瓦楞纸板缓冲衬垫。这些废品及边角余料即使弃之不用，也可被大自然降解、吸收，是很好的绿色环保包装材料。

二、蜂窝纸作为家具等产品的缺点

（1）与金属材料、木质材料相比，蜂窝纸耐破性能、耐折性能、耐戳穿性能等较差，限制了其在某些方面的应用。

（2）蜂窝纸加工性能较差，不能像瓦楞纸板那样很容易制成箱型包装容器，即使能够制作，生产时自动化程度也较低。

（3）蜂窝纸在进行印刷时，印刷适应性较差，不能满足现代装饰装潢的需要，限制了其在包装方面的应用。

1.1.3　认识纸管

纸管（图1-13）是用纸张加工而成的管状物。纸管可以通过两种成型技术制成，一种是采用纸浆模塑的方式，用纸浆模压成型；另一种是使用螺纹纸管生产设备，将原纸通过设备进行叠加压缩成型（图1-14）。与传

图1-13　纸管

统纸材相比，纸管密度大、硬度强，在经过一系列的表面处理后，可以达到耐水、耐燃的效果。由于纸管具有质量轻、承重能力强、环保等特性，因此它是未来"代替木材、代替塑料、代替金属制品"的创新材料之一。

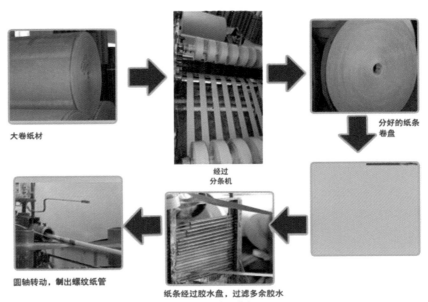

大卷纸材

经过
分条机

分好的纸条
卷盘

圆轴转动，制出螺纹纸管

纸条经过胶水盘，过滤多余胶水

图1-14　螺纹纸管生产工艺（淘宝网展示的产品生产工艺）

纸管的承重能力强，而且纵向比横向具有更高的抗压强度，这使得纸管适合竖直支撑，而不适合横卧支撑。纸管能辅助纸质材料或非纸质材料进行连接。

1.1.4　什么是纸产品设计

纸产品设计是指根据瓦楞纸、蜂窝纸或纸管的特性，进行功能、结构及形式上的设计。具体来说，纸产品设计就是合理地运用纸材，依据纸材的功能、造型、结构的要求进行综合处理，设计出功能完备、造型优美、结构灵活合理、环保安全的纸质产品。

纸产品设计应遵循以下几个原则：

（1）满足基本使用功能要求。

（2）制作产品的纸板和其他辅料要安全。

（3）充分考虑可拆卸和可折叠的产品设计，以便通过平板状折叠堆放进行运输和存储。

（4）制作费用与产品本身价值相称。

（5）既要节省资源，又要便于废弃纸板产品的回收利用。

纸产品设计的这些原则和思路将在本书第3章进行详细论述。

1.1.5　纸产品的分类及概念

一、什么是纸板家具

凡完全由纸板材料制作的家具（图1-15和图1-16），或以纸板作为基础材料或主要材料，再结合少量木材、玻璃、金属等材料制作的家具（图1-17），统称为纸板家具。纸板家具通常采用瓦楞纸板、蜂窝纸板和高强度的厚纸板作为材料进行制作，通过划样、刻痕、裁切、粘贴、折叠等加工工艺进行各种造型设计；采用喷涂、手绘、印刷、覆膜、贴面等主要手法进行表面处理和装饰；采用胶合、插接、折叠，并借助连接件等方式进行结构连接和组装成型。

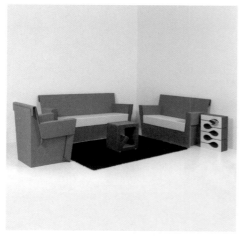

图1-15　瓦楞纸板家具（Kubedesign 公司的产品）

图1-16　硬纸板折叠拼合而成的电脑桌

图1-17 采用少量金属材料作为脚部搭配的纸沙发
（Kubedesign 公司的产品）

二、什么是纸板玩具

由硬纸板（瓦楞纸、蜂窝纸、特种纸或合成纸）单独制作或搭配其他材料制作的玩具称为纸板玩具。瓦楞纸和蜂窝纸因其厚度较大，所以能制作大型的玩具，如图1-18所示的是日本设计师正弘南设计的大型瓦楞纸板滑梯玩具，其运用了纸板的插接结构并与大型纸管相结合，组合成多功能、多玩法的户内滑梯组。如图1-19所示的是大型蜂窝纸板拼装组合玩具，其设计灵感来源于放大了的传统塑胶花片玩具，可以根据需要随意拼装，再加上色彩和图案的搭配，可以拼装出既好玩又赏心悦目的大型玩具。

图1-18 大型瓦楞纸板滑梯玩具（正弘南的作品）

运用特种硬纸皮可以制作体积较小的玩具，如我国台湾地区"纸箱王"品牌的玩具枪（图1-20）就是通过灵活地运用各种纸材和结构而巧妙设计的玩具。此案例将在本书第4章进行详细分析。

图1-19　大型蜂窝纸板拼装组合玩具（廖榕城的作品）

图1-20　合成纸玩具枪（"纸箱王"品牌的产品）

三、什么是纸生活用品

纸生活用品，顾名思义，就是指用纸板制作的在日常生活中使用的物品。本书主要探讨的是日用家居工业产品，如灯具、花器、文具等，化工用品（如牙膏类的生活用品）不属于讨论范围。家居用纸质工业产品多属于体积小的产品，因而主要采用较薄的纸皮以折叠、插接的结构实现，如图1-21所示的纸质垃圾桶和图1-22所示的纸花器。如图1-23所示的"纸箱王"品牌纸时钟，运用瓦楞纸做时钟的主体，外圈用白色合成纸折叠围合，这种结构很巧妙，起到很好的视觉装饰作用。

图 1-21 纸质垃圾桶
（纸匠网展示的产品）

图 1-22 纸花器
（瑞丽女性网展示的产品）

图 1-23 纸时钟（"纸箱王"品牌的产品）

四、什么是纸展示道具

随着会展业的兴起，展示设计行业发展迅速，以宣传和销售产品为主要目的的大大小小的展销会、展览会、博览会频繁举办。瓦楞纸板材料应用在展示道具中，充分地表现出了自身的优势（因材质和结构设计的特性而具有体质小、重量轻的优点，利于运输与托运配送）。在展示设计行业，瓦楞纸板被设计师们制成展架、展台等，大量运用在商品展示会中（图 1-24）。例如，在展示设计装饰照明中，因瓦楞纸板材料可塑性强，人们可通过剪、折、割、扭等方式对其进行加工，并结合灯光不同方式的照射使其与展示环境交相辉映，可以产生出绚烂的艺术效果（图 1-25）。

图 1-24 "Anthias"珠宝展示柜（蜂窝纸板配以玻璃饰面制作）（A4A Design 公司的产品）

图 1-25 展示灯具组（A4A Design 公司的产品）

1.2 纸产品设计与销售现状及成因

1.2.1 设计现状

一、国外纸产品设计现状

纸产品具有自然朴实、触感细腻等特点，自 20 世纪 20 年代开始，就受到美国上流社会的喜爱。欧洲著名设计大师 Frank Owen Gehry 设计的一系列概念瓦楞纸家具作品（图 1-26），在具有"世界家具风向标"之称的米兰家具展、科隆家具展上都曾进行过展示，但这些产品比较形式化且成本高，难以被普通消费者接受。目前，一些欧美国家和日本等均有一些平民化的、实用型的纸产品投产上市，已形成一个成熟的产业，代表性纸产品品牌和设计师有意大利的 Kubedesign 和 GenerosoDesign、美国的 Green lullaby、澳大利亚的 Kartondesign 等，代表设计师则有荷兰的 David Graas、英国的 Giles Miller 等。这些品牌和设计师设计的纸产品（图 1-27）美观、实用，销售状况很好，但其设计类型和制作工艺并不全都适合我国市场。

图 1-26 "实验边缘"往复折椅（Frank Owen Gehry 的作品）　　图 1-27 "圆斑"童椅（Peter Murdoch 的作品）

二、我国纸产品设计现状

"纸箱王"以园区带动产品的销售模式大获成功，其园区包括餐饮空间和户外空间在内的所有室内装潢和用具均是以瓦楞纸为主材实现的（图 1-28~ 图 1-32）。这些产品设计形式新颖，手法多样，包括玩具、文具、灯具（图 1-33）、日用品（如帽子、挎包和餐具）几个大类。这些产品中有很多设计方式值得我们参考和借鉴，将在本书第 4 章进行详细分析。

纸产品进入我国已有十余年的时间，然而，一直得不到消费者的认可，推广困难，也没有得到深入的开发和利用。

目前在我国，纸产品主要应用在公共领域，尤其在 2008 年北京奥运会上，纸质家具被大批量的使用。北京北箱信发包装有限公司为北京奥运会设计了多款纸材用具，如成绩单柜、围栏、展示柜等，还有奥运村所使用的 20 多万件家具（图 1-34）。这批纸质家具作为临时家具使用，均采用可再生纸板，其厚度、硬度足以满足短期使用需求。

近些年，有不少院校也进行了探索性的尝试，但制作出的作品普遍不实用，概念性和哗众取宠成分较多，因而未受到公众的普遍接受。

图 1-28 餐饮空间("纸箱王"品牌的产品)

图 1-29 餐饮空间的纸窗帘("纸箱王"品牌的产品)

图 1-30 合成纸餐具、纸火锅("纸箱王"品牌的产品)

图 1-31 户外防水纸质微型建筑("纸箱王"品牌的产品)

图 1-32 户外防水纸质微型建筑细部("纸箱王"品牌的产品)

图 1-33 可折叠灯具产品("纸箱王"品牌的产品)

奥运会成绩单柜   奥运会接待柜

图 1-34　2008 年北京奥运会纸质家具（北京北箱信发包装有限公司的产品）

　　总之，我国当前对纸产品的设计研究已经取得了丰硕的成果，很多学者和企业也有一定的研究成果，但这些研究很少提及本土市场或针对本土市场拓展纸产品产业，同时也缺乏对理论成果的实证研究。因此，本土的纸产品产业尚未形成体系，纸产品市场整体发展相对缓慢。

1.2.2　本土纸产品的销售现状及成因

　　目前，纸产品的主要购买者大多为设计师或艺术爱好者，他们都是对设计风格和理念比较敏锐的人群。但毕竟这类人非常少，当把纸产品定位在概念设计品或艺术品的范畴时，则无法拓展销路和规模，也就不可能为大众消费者所接受。纸产品看似廉价，但在产量低时，其制作成本与传统材料生产产品的成本相当，没有任何竞争优势。

　　国内目前有少数纸产品的成功案例，在本书第 4 章有详细介绍。一些欧美国家和日本等的纸产品之所以能为公众接受，形成具有一定规模的产业，是与当地的经济水平、生活水平和文化水平息息相关的。我国目前普通家庭的经济状况和人们的文化水平并不均衡，低收入人群仍占多数，虽然解决温饱基本不成问题，但让其欣赏和接受艺术品还是比较困难的。因此，价位不低的纸产品始终得不到推广。纸产品要得到大众认可，就必须非常廉价，与传统的木制产品、金属产品、塑料产品等形成价格、质量、设计的竞争优势，才有可能迅速得到消费者的认知，消费者才有可能去尝试并购买。而纸产品要想实现物美价廉，就必须进行大批量生产，并占据一定的市场份额。

目前，国内生产纸质家具的厂家仍很少，且这些厂家几乎都是一些包装公司，在技术方面上也与国外同行生产水平存在较大的差异。在国内企业中，有批量化纸质家具产品上市的有"纸当家"品牌（图1-35）和北京北箱信发包装有限公司推出的"纸行"品牌。然而，这两家企业生产的产品至今销量并不理想，因为国人对纸质家具的认可度不高，以致企业产量低，成本也无法降低，最终导致价格上未能达到预期优势。

综上所述，导致本土纸产品这种销售现状的主要原因如下：

（1）大部分纸产品没有针对本土市场和消费者去进行设计，因此难以在本土家具市场上占有一席之地。

（2）由于对纸产品的生产工艺和市场前景并未充分掌握，所以企业不敢贸然生产大量产品，而探索性的小批量家具产品的成本高、价格也没法降下来。

所以，针对本土市场和消费者设计的纸产品要想改变销售现状，合理的设计方式推广方式是至关重要的。

图 1-35　自由组合环保六格书架（"纸当家"品牌的产品）

第 2 章 纸产品的结构及形式

本章主要介绍纸产品的结构、纸产品的风格与形式。

2.1　纸产品的结构分析

2.1.1　瓦楞纸板产品的结构分析

本节将对瓦楞纸板产品的结构进行分析。关于纸家具的结构形式，国内学者毕留举在其文章《瓦楞纸板家具设计中的结构形式分析》中归纳得比较完整：无论是国外还是国内瓦楞纸板产品，基本有层面排列式、断面插接式、折叠式及空间组合式这几大类。下面将围绕瓦楞纸板产品这几大类进行分析讲解。

一、层面排列式的优劣点

层面排列式以平面二维造型为基件，连续多片进行拼合，形成三维立体造型（有点像 3d Max 或犀牛软件中的拉伸功能所形成的体块）。这种形式的产品工艺简单、造型优美（图 2-1），所以国外很多设计大师和品牌都采用这种形式进行设计。国内也不乏这类产品（图 2-2）。然而，这种结构需要多片纸板排列拼合，并需要胶粘固定。层面排列式生产的纸产品体量重且成本高，不能扬长避短地运用纸材，充其量只能算吸引人们眼球的艺术品。如图 2-3 所示的中国风祥云图案椅子，制造成本高，质量达 10kg 以上，不能拆装，搬动、运输困难，即使挪动一下也很费劲，因此难以让广大消费者接受。

此外，还有渐变式层面排列式的结构（图 2-4），其所形成的产品形态更加灵活优美，但在计算切割时必须更精准，粘贴也更耗时，属于"艺术品"制作的范畴，不适合大批量制作生产。

图 2-1　层面排列式椅子（Frank Owen Gehry 的作品）

图 2-2　层面排列式桌椅（惠州华力纸厂的产品）

图 2-3　层面排列式纸家具［2011 年第十三届中国（深圳）国际文化产业博览交易会（简称文博会）展示的产品］

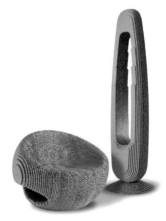

图 2-4　渐变式层面排列式的纸板家具

二、断面插接式的优劣点

断面插接式是将面材裁出缝隙，然后相互插接在一起，通过相互钳制构成立体形态。如图 2-5 所示为 David Graas 设计的纸躺椅，用这种方式设计的家具体现了纸材的结构和质感之美，与传统木家具相比，具有让人眼前一亮的感觉。然而，采用这种方式设计的家具若渐变截面较多，则会使成本增加。因为渐变截面越多，造型就越细腻均匀，所以需要的模切断面模具就越多。如果只是制作一两件产品，则可以直接在切割机上切割；如果要大批量生产，则要制作模具，而较多的模具必然大大增加制造成本。

断面插接式家具的特点是轻巧、易拆装、形式感强，比起前面所述的层面排列式家具，还是具有优势的。要运用断面插接式进行设计，最好以直线形为主，因为采用直线而非弧形渐变的断面可以大大减少模具数量。例如，David Graas 设计的茶几作品（图 2-6），就是以直线形截面为主，除了四条桌腿需要另外一套模具之外，其余断面部分形状一致，只需要一套模具。

图 2-5　断面插接式纸躺椅（David Graas 的作品）

三、折叠式的优劣点

折叠式是将面材裁出缝隙和压痕，进而折叠成立体形态。折叠式瓦楞纸板家具基本是将一张完整瓦楞纸板，通过预先制作的折叠压痕进行弯曲折叠，以缝隙固定而成的纸板家具。这种结构的家具简洁、规整、轻巧且拆装方便，但是由于折叠式家具的承重是通过折叠而成的

图 2-6　断面插接式茶几（David Graas 的作品）

结构实现的，因此自身的体量不能过大，否则会因折叠结构之间的面积间距过大而减弱承重性。这种形式比较适宜制作儿童家具和小件家具，如图2-7所示的儿童折叠椅。如图2-8所示是惠州华力包装有限公司在2011年文博会上展示的折叠式小纸凳，该产品设计得比较成功，当把纸凳放平折叠后，其长、宽、高的尺寸分别只有30cm、16cm、5cm，重量较轻，尺寸小巧，携带非常方便。这款折叠式小纸凳可承受体重75kg的人坐于其上，当年惠州华力包装有限公司把这款小纸凳发放给旗下员工，作为春节回乡途中的临时座椅，员工们均反映体验良好，尤其是当乘坐火车出行没有座位时，用其充当临时座椅，真的非常实用。

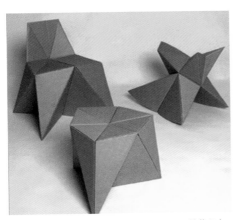

图2-7　儿童折叠椅（Nicola Enrico Stäubli 的作品）　　图2-8　折叠式小纸凳（惠州华力包装有限公司的产品）

四、空间组合式的优劣点

空间组合式是集各种面材造型方法于一体而综合创造的立体形态，即将面材分解成若干部件，按照一定的空间框架秩序，搭建组合成立体形态。如图2-9所示是空间组合式镂空小茶几，结构简单，方便实用，纸本色和镂空处体现了纸材独特的美。

考虑到纸材的承重和易潮湿问题，空间组合式也是较适用于小体量家具设计的。若是简单地用瓦楞纸置换大型家具的外形功能，则体量过大，美观性和实用性反而削弱了。如图2-10所示的纸沙发和纸茶几同样采用空间组合式结构，但因面积过大，缺乏造型美感，不能把纸的纹路和细腻感表现出来。大面积的折叠纸板，反而给人一种非常廉价的感觉。大面积的纸板作为沙发表面必定会减弱沙发的承重性，即使承重没问题，当人坐上去时靠背部分也会给人摇摇晃晃的感觉。此外，茶几本身是与茶水接触频繁的家具，瓦楞纸防水性弱，纸茶几的使用寿命自然就变短了。因此，没有经过巧妙的结构和造型处理，而仅仅把大体量家具简单地用纸板来代替，必然是失败之作。

图 2-9　空间组合式镂空小茶几

图 2-10　某卖场的纸沙发、纸茶几家具

五、与其他材料结合

在前面内容中，分析了瓦楞纸作为家具的缺点，主要是强度与稳固性差、防水性弱。所以，可以考虑运用其他材料来弥补瓦楞纸的弱点，以达到扬长避短的作用。图 2-11 是瓦楞纸茶几家具，为增加这款瓦楞纸家具的防水性，加上了玻璃面板作为防水面，茶几的腿部则用瓦楞纸进行设计，充分利用了瓦楞纸造型灵活的特点。图 2-12 是意大利 Kubedesign 公司设计的一款纸屏风，底部一角运用亚克力长方形小板加固，起到了让屏风更加稳定的作用。

图 2-13 是"纸箱王"品牌的标志性玩偶公仔"阿浪"，其运用了弹力绳将瓦楞纸各部件连接，使得"阿浪"的手脚可以灵活移动，摆出各种各样的姿势。这款玩偶公仔设计非常巧妙，这种结构也同时运用在"纸箱王"品牌销量很好的另一款产品"壁虎神枪"中。本书第 4 章将对这款产品进行详细的介绍。

图2-11 运用玻璃面板的瓦楞纸茶几　图2-12 运用亚克力长方形小板加固的纸屏风（Kubedesign 公司的产品）
家具（Frank Owen Gehry 的作品）

图2-13 运用弹力绳连接的瓦楞纸机器玩偶公仔"阿浪"（"纸箱王"品牌的产品）

六、连接结构

（1）连接构件的设计。

为了方便包装运输，通常需要将一个较大的瓦楞纸产品分割成多个块面才能实现拆装和收纳，这样就涉及块面与块面间的连接结构设计。我们在制作瓦楞纸产品时，就曾因设计了失败的结构而导致产品经过几次拆装后，连接部位就损坏了。经过不断的尝试和经验积累后，我们改进了瓦楞纸产品的连接结构，下面举例说明。图2-14 中的海盗船玩具，A 和 B 分别是船体两个需要连接的拆装部分，开始制作时采用如图2-15 所示的结构，插件因红色方框处转折部分和插接部分过细不能承受两边船舷的张力，多次插接后连接物件就损坏了，故此结构设计欠妥。如图2-16 所示是改进后的结构，一个插件穿插两个插口的结构既能够稳固船身，插件也不易损坏，整个结构较之前的结构坚固耐用得多。

图 2-14　A 和 B 两个拆装部分（符洁如、叶培等的作品）

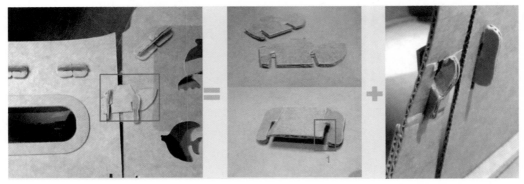

图 2-15　失败的连接结构（符洁如、叶培等的作品）

图 2-16　改进后的连接结构（符洁如、叶培等的作品）

（2）连接构件的瓦楞纹方向。

连接构件的瓦楞纹方向也会影响插件的坚固度。如图2-17所示的船舷插件的瓦楞纹，图中1的瓦楞纹方向为横向（红线方向），适合边缘摩擦力较小的部件。插口摩擦力较大的部件的插口内层方向耐磨结实，压线折痕部分在机器压线时不会被损坏。图中2的瓦楞纹方向为竖向（红线方向），适合边缘摩擦力较大的部件。但当压线的方向为红线方向时，纸板的表面会破损，故在压线时要注意压线的方向，避免纸板受到损坏。

注意：瓦楞纹方向的不同取决于切割时的方向，切割与压线时需要根据切割部件的具体使用要求来决定，不能一概而论。

图2-17　船舷插件的瓦楞纹

（3）折叠角度。

纸板折叠角度小于90°时，采用垂直于纸面的切法，一般采用半切断纸板的方式，上层的面纸和瓦楞芯纸切断，底层的面纸不切断，这样可以折叠成任意角度（图2-18）。纸板折叠角度等于90°时，有两种方法：一种是采用与纸面呈45°角的切法；另一种是采用齿状的切法，裁切完的形状如图2-19所示，凸出部分为奇数，且边缘部分与凸出部分方向一样，然后进行齿形对折。纸板折叠角度等于180°时，采用两个垂直于纸面但不切断的切法，如图2-20所示。

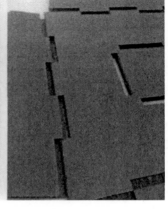

图 2-18　折叠角度小于 90°
（张璐霞的论文《儿童瓦楞纸板家
具的可玩性设计研究》中的图片）

图 2-19　折叠角度等于 90°
（张璐霞的论文《儿童瓦楞纸板家具的可玩性设计研究》中的图片）

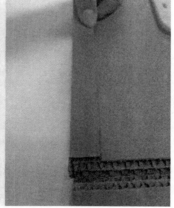

图 2-20　折叠角度等于 180°
（张璐霞的论文《儿童瓦楞纸板家具的可玩性设计研究》中的图片）

2.1.2　纸管产品的结构分析

（1）十字交叉式——两个纸管十字交叉，用绳捆绑固定。

如图 2-21 所示为纸管床的结构，先用若干根纸管横向并排，再在其边沿用一根纸管竖向放置，最后用绳进行捆绑固定。这种设计方法形式感较强，但捆绑过程用时较多，也不标准。此外，纸管的横向较之纵向具有的抗压强度弱，承重能力也大不如纵向纸管，故这款纸管床只能作为广告宣传产品，若人真地卧于其上则极不稳固，舒适感也较低。

图 2-21 用绳固定的纸管床（Massimo Duroni 的作品）

（2）直接穿插式——纸管与纸管的直接穿插。

如图 2-22 所示是用纸管与纸管之间的直接穿插制成的纸管木马。这种结构非常坚固，但纸管开口部位加工困难，使得加工成本增加。

图 2-22 直接穿插的纸管木马（"我的低碳生活"科技创意大赛优秀作品）

（3）连接件固定式——多个纸管利用外来连接件固定。

图 2-23 是利用塑料件辅助固定的多个纸管。这种制作方法安装简便，结构灵活多变，稳固性好，是极佳的结构方式。

图 2-24 与图 2-23 原理相同，都是利用塑料件辅助固定纸管制作的家具。其中，图 2-24 的家具主要在腿部运用纸管连接，承托面、靠背及转折部位均采用塑料件。

图 2-25 也是利用塑料件辅助固定的纸管家具，与图 2-26 的设计原理相同。图 2-25 与图 2-26 不同的是，纸管用作承托面和靠背，而塑料件固定在两侧，这种方式充分发挥了纸管的作用，形式感较强，且组装方便。

图 2-27 的这款靠椅是通过螺丝钉方式连接的纸管家具。这种结构方式较稳固，但不易拆卸，拆卸下来会留有孔洞，不利于重复安装。这件家具

图 2-23　利用塑料件辅助固定的多个纸管

图 2-24　利用塑料件辅助固定的纸管家具（Sankei 公司的产品）

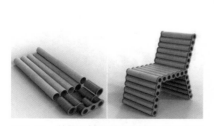

图 2-25　利用塑料件辅助固定的纸管家具（Pomada 工作室的产品）

图 2-26　利用刨花木板作为两侧固定件的纸管躺椅（Pomada 工作室的产品）

图 2-27　通过螺丝钉方式连接的纸管家具

更像是家庭式的手工作品，难登大雅之堂，且不符合批量化生产要求。

（4）胶粘连接式——通过胶粘方式连接。

图2-28和图2-29的这款椅子的结构是先将多个纸管胶粘在一起，然后通过计算机计算出切削面，最后按人体的曲线切削出坐承面。这款椅子的设计方式形式感非常强，但耗材太多，胶粘后不能拆卸，且笨重不易搬运。这款椅子作为艺术品是可以的，但是其结构方式并不适合批量化生产要求。

图2-30的花器和图2-31的家具的连接结构是把纸管斜切45°，然后把两根斜切好的纸管对接粘牢。这种方式不易拆卸，且稳固性差，容易脱节，不是极佳的纸管产品结构。

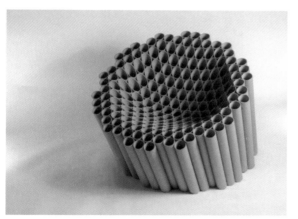

图2-28　通过胶粘方式连接的纸管家具1（Matthew Laws 的作品）

图2-29　通过胶粘方式连接的纸管家具2（Matthew Laws 的作品）

图2-30　通过切割对接方式连接的纸管花器

图2-31　通过切割对接方式连接的纸管家具

2.1.3 纸管与纸板结合的结构分析

（1）直接穿插式——纸管和纸板的直接穿插法。

图2-32是一款采用纸管和纸板的直接穿插法制作的儿童玩具。这种组合方式稳固，易于加工生产，也易于拆卸重组，是适合批量化生产要求的结构方式。

（2）承托式——纸板作为承托面置于纸管之上。

图2-33是一款将纸板作为承托面置于纸管之上的搁架家具。这种组合方式不够稳固，纸板如果不胶粘在纸管之上，则不易固定；纸板如果胶粘在纸管之上，则不易拆卸。

图2-32 纸管和纸板的直接穿插法制作的儿童玩具（正弘南的作品）

图2-33 纸管和纸板连接的搁架家具（Massimo Duroni 的作品）

（3）榫卯式——纸管和纸板的榫卯结构：通过两个大小相切的纸管嵌套组合起到卡位作用，以固定纸板。

图2-34是一款通过纸管和纸板结合制造的茶几。茶几腿是由两个大小相切的纸管嵌套构成的，通过嵌套起到卡位作用（图2-35），以固定上下纸板。这种结构组装方便，既稳定牢固，也方便拆卸，是一种极佳的纸管与纸板结合的结构方式。

图2-36是笔者的一件实验作品，椅背和椅腿同样是运用大小相切的纸管嵌套组合结构。这款作品是通过纸管夹住瓦楞纸坐垫来实现结构的稳定，已获国家实用新型专利证书。

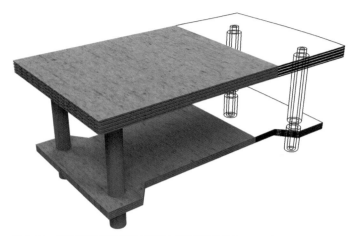

图 2-34　纸管与纸板结合制造的茶几（吴伟健的作品）

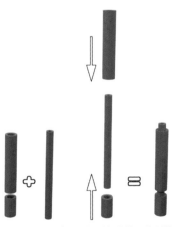

图 2-35　通过嵌套起到卡位作用的纸管
细节（吴伟健的作品）

图 2-36　纸管嵌套组合成的纸椅子
（陈书琴的作品）

2.1.4　蜂窝纸板产品的结构分析

　　蜂窝纸板比较厚实，所制作纸产品的结构比瓦楞纸板制作产品的结构简单。蜂窝纸板制作的纸产品基本是层面排列式和穿插式的，主要是制作体量较大的家具或展示道具，如意大利的 A4A Design 公司生产的蜂窝纸家具和展示道具（图 2-37 和图 2-38）。

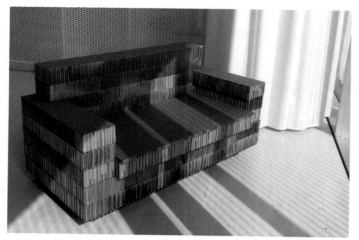

图 2-37　运用层面排列式结构制作的蜂窝纸沙发（A4A Design 公司的作品）

图 2-38　运用穿插和折叠结构制作的
小玩具（A4A Design 公司的作品）

2.2　纸产品的风格与形式

2.2.1　从表面处理的角度分析

瓦楞纸家具与木家具相比，表面处理方式更简单，也更丰富。瓦楞纸家具表面可以制作镂空花纹图案（图 2-39），也可以印刷图案（图 2-40），还可以覆膜装饰图案（图 2-41）。国外的瓦楞纸产品甚至将瓦楞裸露出来，通过改变开槽方向来制作图案（图 2-42）。

如图 2-39 所示的儿童书桌椅，在局部采用镂空工艺制作装饰花纹图案。这种方式既方便加工，也容易体现产品的精致感。但应该注意的是，镂空的面积不要过大，否则会增加生产成本，也会使产品不够稳定。

如图 2-41 所示是国内北京北箱信发包装有限公司的"纸行"品牌的茶几产品，表面以装饰纸覆盖贴面。这样处理不仅会增加成本，也会将瓦楞纸原本的细腻质感、触感及透出浓浓手工味的瓦楞纹边缘给隐没掉，失去纸的天然质朴感，茶几看起来就像木板家具，但又没有木板的坚硬厚实感。

图 2-39　空间组合式镂空儿童桌椅

图 2-40　表面印刷图案的纸凳（Karton公司的产品）

图 2-41　表面覆膜装饰图案的纸茶几（"纸行"品牌的产品）

　　毋庸置疑，纸材具有细腻和质朴的质感，是其他材质所不能替代的。即使要对纸产品进行装饰，也应是对其局部进行装饰，而不应在其表面全部覆盖装饰图案。图 2-43 是意大利纸家具公司 Kubedesign 设计的凳子，采用的装饰手法就是在产品的局部印刷装饰图案，现代感较强，优雅而质朴，凸显了纸材天然的亲和感和触感。这种装饰手法既起到了装饰作用，又节省了成本，是一种不错的装饰手法。

　　例如，在图 2-42 中，设计师在设计瓦楞纸边桌时，故意将纸的瓦楞裸露出来，通过改变开槽的方向来形成图案。这种装饰手法只适合制作小批量的类似雕塑的产品，不适合用在大批量生产的产品上。

图 2-42　轻微改变开槽方向形成图案的瓦楞纸边桌（Giles Miller 的作品）

图 2-43　纸凳子（Kubedesign 公司的产品）

2.2.2 从设计样式和风格的角度分析

从设计样式和风格的角度分析，纸产品有古典风格、现代简约风格和仿生风格之分。

一、古典风格

古典风格的纸产品如图 2-44 和图 2-45 所示。瓦楞纸材触感细腻，瓦楞边沿更显精致感，用其设计的古典风格家具不会显得廉价，反而非常具有设计感。如图 2-46 所示的古典风格纸吊灯，如将其摆放在一些服装专卖店或者 SOHO 办公室中，会使空间变得雅致而有品位。

图 2-44 古典风格纸茶几（Giles Miller 的作品）

图 2-45 古典风格纸时钟（Giles Miller 的作品）

图 2-46 古典风格纸吊灯

二、现代简约风格

瓦楞纸表面易于印刷，也容易通过折叠的方式来制作家具，因此较适合制作简洁实用的现代简约风格的纸家具，并能跟现代家居很好地融合在一起。图 2-47 的这套家具运用了节省材料的折叠穿插结构，局部再配以印刷装饰图案，使得家具整体简洁自然，虽然生产成本低廉，但品位不俗。图 2-48 是一款极简的现代简约风格纸台灯，凸显了纸材边沿的自然质感，简洁而不简单。

图 2-47　现代简约风格组合纸家具
（Kubedesign 公司的产品）

图 2-48　现代简约风格纸台灯（Kubedesign 公司的产品）

三、仿生风格

仿生风格的纸产品以大自然中的动植物为设计元素。如图 2-49 所示的仿生风格人形置物架，运用层面排列式的结构实现造型制作。置物架整体像一个顽皮的小人，可以正放，也可以倒过来放，非常具有幽默感。层面排列式结构最适合制作造型多变的仿生形态，这种纸产品既具有人情味，也充满幽默感。

图 2-50 是一把小狗形状的仿生风格儿童椅子，造型可爱且充满趣味，当两把儿童椅子放在一起时还有很强的互动感。这种产品采用层面排列式结构，充分发挥了纸材特性。如果用木材制作同样形式的椅子，那么椅子则会很笨重且耗费材料。

图 2-49　仿生风格"Spanky"人形搁架（Kubedesign 公司的产品）

图 2-50　仿生风格儿童椅子（Rijada 工作室的产品）

第 3 章　纸产品的设计方法

　　要开发适应本土市场和消费者需求的纸产品，就得从纸产品的设计方法入手。但在探讨设计方法之前，首先要研究市场上现有的纸产品潜在的竞争对手；其次要理清采用其他材料生产的同类产品的特点及阻碍纸产品推广的原因；最后找到适合开发本土市场纸产品的设计方法和策略。

3.1　纸产品的开发设计境界及竞争对手

笔者考察了包括"纸箱王"品牌的周庄店、上海店和广州店等众多纸产品专卖店，将数百件产品的制作工艺、功能、价格进行了归纳、整理、研究，并与其他材质的同类产品进行横向对比，分析得出瓦楞纸产品开发设计的三种境界。

3.1.1　纸产品开发设计的三种境界

一、境界1——无境界

所谓无境界，指的是直接把现有产品置换成纸材料产品。这类产品毫无设计可言，没有价格竞争优势。如图3-1所示的"纸箱王"木马玩具，销售价格为200多元人民币。在淘宝网上，输入"木马玩具"几个字，会弹出月销量达 3000 件以上价格 30~50 元不等的塑料木马玩具，有的甚至附有音乐功能。试想一下，在这样的市场行情下，有哪位顾客会用高出原价 5~10 倍的价格来购买既笨重又不防水，色泽没有塑料产品鲜艳，还没有音乐功能的纸木马玩具呢？这款纸产品没有抓住纸材的特性进行扬长避短的开发，只是简单地置换了产品的材料，使得产品既没有设计竞争力又没有价格竞争力。

再看图 3-2 所示的文件收纳盒，在淘宝网上随便搜索都能找到 10 元以下的塑料文件收纳盒或 15 元以下的木质文件收纳盒。根据国内消费者对这类产品的心理价位来看，"纸箱王"的这件纸质文件收纳盒销售应该一般。

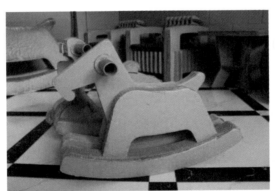 

图 3-1　木马玩具（"纸箱王"品牌的产品）　　　　图 3-2　文件收纳盒（"纸箱王"品牌的产品）

二、境界 2——与现有其他材料产品并行发展，平分秋色

境界 2 指的是所开发的瓦楞纸产品着重设计手法，与现有其他材料产品并行发展，各有特色，所以可以在销量上平分秋色。

如图 3-3 所示是经过巧妙设计，采用橡皮筋弹射子弹的壁虎神枪手手枪。这款手枪的主体部分采用手感舒适的"灰纸板"材料，而发射子弹的结构部分则采用坚固耐磨的"合成纸"材料。手枪的内部结构（图 3-4）是用木棒连接固定的，利用橡皮筋实现弹出子弹的效果。这款手枪虽然价格贵，但销量很好，在"纸箱王"的周庄店售卖一空，在网店上也有不俗的销量。究其原因，皆因这款玩具手枪设计巧妙，利用了纸材的特殊结构，使人们在把玩的时候体验感很强，也毫不逊色于一般的子弹玩具枪。因此，这款玩具手枪可以跟市面上的一般玩具手枪平分秋色。

图 3-3　壁虎神枪手橡皮筋手枪（"纸箱王"品牌的产品）

图 3-4　壁虎神枪手橡皮筋手枪的内部结构（"纸箱王"品牌的产品）

三、境界 3——其他材料产品无法替代，超越现有产品

境界 3 指的是注重产品设计理念和创新，充分发挥纸材本身的优越性，所开发的纸产品是其他材料产品替代不了的，或者即使能替代，但成本和效果都不能与纸材产品匹敌。这些纸产品是在对市场上现有的产品进行精准的分析和把握的基础上设计的，即所谓的明星产品。

图 3-5 是英国品牌 Paperpod 的纸质儿童城堡玩具。这款玩具产品充分发挥了纸材易折叠、易组装、较轻便和可在表面随意涂鸦的优势，让儿童在搭建的过程中能充分发挥动手和动脑能力，而且可根据喜好在"城堡"表面进行涂鸦或贴纸装饰等，在自己家中就能实现拥有一座城堡的愿望。纸材易于折叠，折叠后更方便运输，展开后又可以形成小孩的玩乐和私密空间，这是其他材料所不能匹敌的。如果该玩具用木材制作，则成本昂贵且不方便运输，搭建也更耗时；如果该玩具用塑料制作，则不如纸材那样易于让小孩根据自己的喜好在上面涂鸦和装饰；如果该玩具用布质材料制作，虽然同样能实现轻便性且廉价，但在 DIY 方面不如纸材好。所以，这类产品运用纸质材料是其他材料不能替代的，属于合理地运用纸材开发出

图 3-5　纸质儿童城堡玩具
（Paperpod 品牌的产品）

具有纸材特性的产品，自然能在市面上占有一席之地。

　　图 3-6 和图 3-7 的原理与图 3-5 的原理相同，所设计制作的纸飞机和纸坦克玩具都能很好地发挥纸材轻便、安全、环保的优越性，也能让小孩体验到较强的角色扮演感。这款纸飞机和纸坦克玩具既好玩又安全，在小孩对纸飞机和纸坦克玩具进行拼装和绘画的过程中，能有效地锻炼其手脑并用的能力，这是其他材料所无法替代的。（该套纸玩具的功能和玩法见配套的视频文件——附录 1，请联系出版社免费获取。）

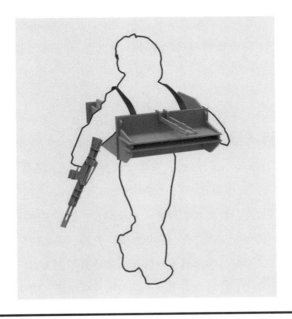

图 3-6　能戴在身上的纸飞机和
纸坦克玩具（林国明的作品）

图 3-7　纸飞机和纸坦克玩具结构分解图（林国明的作品）

3.1.2　瓦楞纸产品的竞争对手

要让自己所开发的瓦楞纸产品在市场上具有竞争优势，就必须充分了解瓦楞纸产品的竞争对手有哪些。下面对瓦楞纸产品的竞争对手逐一进行分析。

一、塑料产品

瓦楞纸产品的第一大竞争对手是塑料产品。对于众多的日常生活用品来说，目前还没有更好的材料取代塑料产品，因为塑料产品生产方便、容易获利，使用寿命长，而且防水，表面处理又能够做到很美观。所以，瓦楞纸产品要想在所有日常生活用品中超越或取代塑料产品，是不可能的，只能和塑料产品错位发展，开发一些塑料材料所不"擅长"开发的产品种类。

二、木质产品

瓦楞纸产品的第二大竞争对手是木质产品。图 3-8 是某品牌的六格书架产品，规格为宽 120cm、高 180cm、深 30cm，销售价格为 594 元人民币；图 3-9 是同品牌的储物柜产品，规格为宽 80cm、高 114cm、深 40cm，销售价格为 900 元人民币。单纯就同品牌的如意储物格产品而言，折叠式的空间组合结构拆装方便，纸材表面搭配了雕饰，凸显出朴实、光滑、细腻的质感。虽然这两款产品的设计方式很好，但销售价格较贵，这是其不能大面积推广的最直接的原因。在淘宝网上，这款六格书架产品仅有几件销量，消费者对其评价都是"价格偏贵"。图3-10是宜家的毕利白色书架，规格为宽40cm、高202cm、深28cm，同样方便拆装运输，主要材料是刨花板，买两个这样的书架基本能现实六格书架的功能。虽然刨花板不环保，但是人们在观念中就认为纸是非常廉价的材料（殊不知，纸家具如果不是大批量生产，成本也与刨花板家具的成本相当）。当纸家具的价格与同类木质家具的价格相同的时候，人们一般会选择更防水和更耐用的木质家具。同样，图3-11的宜家马尔姆白色橡木六屉柜在规格、功能和价格上与图3-9的储物柜都基本一致，相比之下，某品牌的产品除了在价格上没有竞争力之外，纸质抽屉也不方便推拉。

图3-8　六格书架（某品牌的产品）　　　图3-9　储物柜（某品牌的产品）

图3-10　毕利白色书架　　　　　图3-11　马尔姆白色橡木六
（宜家的产品）　　　　　　　屉柜（宜家的产品）

图 3-12　可拆卸、组装简易的布衣柜（淘宝网展示的产品）

图 3-13　水洗牛皮纸水桶包（某品牌的产品）

图 3-14　水洗牛皮纸长方包（某品牌的产品）

三、布质材料产品

瓦楞纸产品的第三大竞争对手是布质材料产品，如图 3-12 所示的可拆卸的、组装简易的布衣柜。这种衣柜是用无纺布加铁管架组成的简易组装衣柜，销售价格为 39.9 元人民币。布质材料衣柜不仅价格便宜，易于拆卸搬运，而且可以水洗。面对这样的产品，如果再运用纸材料去开发同类的衣柜产品，除非售价只有几元钱，否则必定是毫无竞争力的。因此，在纸材料无法与其他材料竞争的产品品类中，应该避开开发此类产品。

3.1.3　瓦楞纸产品在本土市场的适用人群

有些产品是属于"伪需求"的产品，就是看似有市场，实则基本上是没有受众的。图 3-13 的水洗牛皮纸水桶包和图 3-14 的水洗牛皮纸长方包，看似新颖独特，事实上用同样的价钱可以买到更耐用的布质或皮质的同款产品。此外，如果真准备买这种纸包的顾客，又该顾虑穿什么风格的衣服，才能与此类纸包相配。考虑到这些方面，相信绝大多数顾客都会望而却步。所以说，在开发产品的时候，只求新求异是不行的，毕竟企业是要生存的，是要为产品生产成本买单的。瓦楞纸产品不是艺术品，是要有销量的，如果不能甄别出"真需求"和"伪需求"，所开发的产品就会面临失败的风险。

故此，笔者接下来探讨一下瓦楞纸产品在本土市场的适用人群有哪些。

3.2 纸产品在本土市场的适用人群

这里的适用人群指的是纸产品适合本土消费者的人群类别。一种产品能经久不衰地存在于市场上的重要原因之一就是消费者的认可，扩大纸产品市场和使用人群范围是其发展的必要条件，因此必须立足本土，以本土消费者为研究对象。

3.2.1 城市租房族

城市中存在非常大的租房群体，尤其是许多大学生在读书期间或毕业后都会租房子住。纸家具具有价格低廉、重量轻、方便运输与拆装等特点（图3-15），当大学毕业生有能力买房子的时候，就会直接丢弃临时的纸家具，既不会造成材料和成本的浪费，也不会对环境造成污染。因此，开发纸家具产品以适应这类群体的需要，是非常有必要的。

图 3-15 纸家具方便运输（It Design 公司的产品）

为城市租房族设计纸家具要注意两点：一是方便收纳；二是方便拆装。经常变换居所且居所面积不大也是这一类人群的特点，所以最好少用诸如层面排列式结构，而运用折叠式结构和断面插接式结构进行纸家具设计会比较好。在保证纸家具稳固性的前提下，价格低廉、方便收纳和易于拆装的纸家具必定会受到这类人群的欢迎。

3.2.2 儿童群体

国内相关理论指出，用纸质材料制作的儿童家具，较能让国人接受。在我国，儿童纸家具相对于其他材料的儿童家具而言，拥有更广阔的市场。

儿童纸家具相对于其他材料的儿童家具来说，具有以下优势：

（1）环保性。瓦楞纸可以回收，能循环使用，废弃后可自然降解。另外，瓦楞纸回收和再利用的方法已趋于成熟，而木质家具回收再利用难度较大，且能耗高、工艺复杂。

（2）安全性。儿童活泼好动，奔跑玩耍的时候经常会碰撞到家具的边角处，相比起其他材料的家具，纸家具的安全性更高。而且，儿童经常会搬动或拖动家具以满足其好奇心理，纸材较轻，适应儿童的这种行为特征。同时，纸家具不像木家具那样表面需要涂漆，因而可保护儿童免受甲醛等带来的伤害。

（3）经济性。儿童成长速度快，儿童用品更新换代也快。纸材的原料来源广，生产成本较其他材料低，可以适应儿童产品更新换代快的特点。同时，纸家具的加工工艺较其他材料家具的加工工艺简便，因而造价更低廉。

（4）装饰性。纸材料表面触感细腻自然，且方便印刷，可印刷丰富的彩色图案，也可印上具有教育意义的小故事，能对儿童起到很好的教育作用。

（5）体验性。因其材料的特殊性，通常一件纸家具的结构都是通过纸板之间的折叠或插接实现的，可以通过人工拼装而成，有点DIY的体验意味。让大人和儿童一起拼装家具，在加强亲子关系的同时，更能锻炼儿童的动手和动脑能力，丰富家居生活（图3-16）。

　　在以上优势中，其中经济性和装饰性是儿童纸家具的两大绝对优势，是其他材料儿童家具，尤其是木质儿童家具所不能企及的，因此可充分利用这些优势去激发消费者的购买欲。

图3-16　儿童拼装式纸家具（David Graas的作品）

3.2.3　SOHO创业者办公空间及家具

　　SOHO泛指在家办公或小型创业者，大多指自由职业者，如自由撰稿人、平面设计师、工艺品设计人员、艺术家、音乐创作人、产品销售员、广告制作人员、服装设计师等。

　　SOHO族自由、浪漫的工作方式吸引了越来越多的中青年人加入这个行列。SOHO族跟传统上班族最大的不同就是不拘地点，时间自由，收入高低由自己来决定。正因为有这些特质，所以SOHO族一般都追求廉价但具有品位的产品，纸家具灵活的结构造型、低廉的成本正好与这类人群的审美意念和经济状况吻合。

　　图3-17是设计感十足的纸屏风、纸吊灯，以及形式感极强的办公桌椅和蜂窝形式的书柜，这些均是装点具有创意品位办公空间的强有力的手段。纸家具收纳方便快速，瞬间可以把空间装扮得创意十足，成为SOHO族极

图 3-17　SOHO 办公纸家具（陆泗恒的作品）

佳的工作伴侣。这套作品是笔者指导的仲恺农业工程学院何香凝艺术设计学院的学生作品，曾入围 2017 年德国红点设计奖。

3.2.4　商业展示空间及展示道具

商业展示空间包括商店（专卖店）、橱窗和贸易展览（会展）等，多具有时效短、临时性的特点。尤其是会展，一次成功的会展源自成功的会展策划，而成功的会展策划源于对社会资源的有效整合。用系统的功能去实现资源的优化，是会展成功策划的创造性思维原理之一。会展的策划需要考虑不同的因素，其中就包括各个展馆的布置及布置材料的选用问题。

由于会展是一个周期性的活动，有一定的时间限制，所以对展馆布置材料的考虑尤为重要。为了实现材料运输的便利，展馆大多使用轻便环保的材料来进行布展。所以，瓦楞纸可以作为展馆和展示道具材料，通过加工可以组装成展台或展架。瓦楞纸用于展厅装饰也是不错的选择，它易于印刷，这更有助于会展活动的宣传推广。

纸质展示道具在会展行业中主要应用于展示隔断、展示架、展销台、资料架、指示牌、陈列台、与会人员使用的工作台、工作椅及洽谈区的桌椅等。

3.3　纸产品类别细分与详解

3.3.1　家居生活用品

本书将家居生活用品大致划分为以下几方面：

（1）厨卫用品，如餐具、厨具、炊具、灶具、卫浴产品等。

（2）家纺用品，如被褥类、窗帘等。

（3）个人用品，如个人护理用具等。

（4）家具，如桌椅、沙发、衣柜、床和床头柜等。

（5）日用品，如灯具、防滑垫、梯子、衣架、垃圾桶等。

（6）收纳用具，如小收纳架、小酒柜等。

（7）摆设装饰，如纸巾盒、相框、玩具、花瓶等。

网络上对家居生活用品的大致划分如图3-18所示。

由于瓦楞纸材质防水性能较差，除了厨卫用品、家纺用品和个人护理用具之外，家具、日用品、收纳用具和摆设装饰品等均可以用瓦楞纸进行设计替代。瓦楞纸的产品类别是非常广泛的：如图3-19所示为纸花器，可

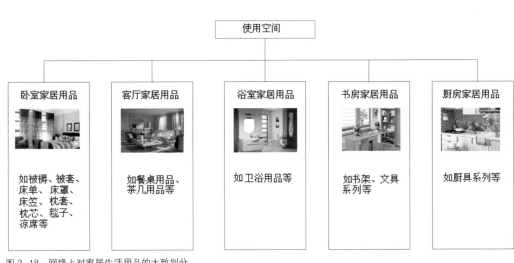

图3-18　网络上对家居生活用品的大致划分

以盛放干花、假花，运用前文所述的结构和风格形式，可以设计出众多造型优美的花器方案，也可以 DIY 制作各种形式的花器；图 3-20 所示为瓦楞纸相框及墙面装饰；图 3-21 和图 3-22 所示为纸笔筒和纸收纳盒的设计；图 3-23 所示为纸灯具产品。由于瓦楞纸强度好，所以适合设计制作文具类和灯具类产品，若是批量生产的纸家居生活用品，则必须与市面上其他材料的同类产品形成竞争优势，才有制作和推广的价值，这些竞争优势主要体现在功能和价格方面。

图 3-19　纸花器（幼师宝典网展示的产品）

图 3-20　纸相框及墙面装饰（瑞丽女性网展示的产品）

图 3-21　纸笔筒（瑞丽女性网展示的产品）

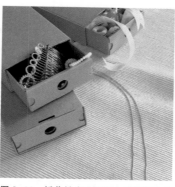
图 3-22　纸收纳盒（瑞丽女性网展示的产品）

图 3-23　纸灯具（Kubedesign 公司的产品）

3.3.2 家居家具

家居家具分为四大块：客厅家具、卧室家具、书房家具和厨房家具。由于瓦楞纸防潮性能差，不宜用来制作厨房家具，所以厨房家具不在此次探讨范围之内。

一、客厅家具

客厅家具包括沙发、茶几、电视柜、酒柜、餐桌椅、鞋柜等。在本书第2章中，已经论述了大型的沙发类家具不适合用瓦楞纸制作（图3-24）。结构和造型没有经过巧妙的处理，而仅将大体量的家具简单地用纸板代替，必然是失败之作。但纸茶几只要做好防水面的处理，是完全可以发挥纸家具的优势的。

低矮类型电视柜、酒柜和鞋柜（图3-25）是可以运用瓦楞纸设计制作的，但产品的结构必须紧凑，这与瓦楞纸的稳固性密切相关。

餐桌椅可以充分发挥瓦楞纸的特性，在结构设计上更加灵活多变，而且可拆装收纳的结构设计会更受本土消费者欢迎（图3-26）。

图3-24　某卖场纸沙发和纸茶几

图 3-25　瓦楞纸鞋柜设计（郭茂裕的作品）

图 3-26　纸餐桌椅家具（Kubedesign 公司的产品）

二、卧室家具

卧室家具包括大床、衣柜、床头柜、婴儿床等。大床和衣柜这种大型的家具建议不要运用瓦楞纸进行设计，尺寸为 1.2m 以下的小床可以用瓦楞纸来设计制作。如果不考虑床的拆装可以运用蜂窝纸进行设计制作，因为蜂窝纸较瓦楞纸更坚固；如果考虑床的可拆装收纳，则可运用瓦楞纸进行制作，因为瓦楞纸折叠较便利。

床头柜是完全可以运用瓦楞纸、纸管、蜂窝纸等进行设计的。

婴儿床（图 3-27）是比较适合运用瓦楞纸来制作的，由于婴儿的生长速度快，一般的摇篮床或婴儿床只能用到 1 岁多，使用周期短。国内的婴儿床主要是用木材或金属制作的，木质的婴儿床要上漆，而婴儿喜欢咬床边的木头，所以非常不健康；金属材质的婴儿床则冰冷坚硬，更不适合婴儿啃咬。瓦楞纸家具则

图 3-27　婴儿床（Green Lullaby 品牌的产品）

不存在以上问题，正好与婴儿家具性能契合。

目前国内市面上的婴儿床产品销售价格一般为 300~2000 元人民币。一般销售价格为 300 多元人民币的婴儿床多是用劣质的木材制作的，因此，大多数家庭会选择买销售价格为 800~1000 元人民币的婴儿床，因为这个价格区间婴儿床的性价比一般是较好的。然而，一般家庭的婴儿床普遍使用不到 1 年，甚至半年就不再使用了，又因木材极难回收，这就造成了资源和金钱的极大浪费。虽然婴儿床使用时间短，但却是有婴儿的家庭必不可少的家具。有些家庭因经济负担不起，没有配备婴儿床，致使婴儿受伤的事故也时有发生。如果用纸板代替木材生产可折叠、易搬运、易回收、价格低廉的婴儿床，则可以给社会、家庭和企业都带来好处。

在本章第 2 节中已论述了儿童家具是非常适合运用瓦楞纸制作的，所以无论是卧室儿童家具还是书房儿童家具，都可以充分运用瓦楞纸这种材质进行设计制作。

三、书房家具

书房家具主要包括书桌椅、书柜等。由于办公椅涉及移动和调节高低等复杂结构，所以用瓦楞纸制作不太适合。而书桌和书柜这些较固定的家具，则可以充分运用瓦楞纸进行设计制作（图 3-28）。

图 3-28　书房纸家具（Karton 国外品牌的产品）

3.3.3 办公家具

办公家具设计主要集中在办公桌和文件柜的设计上。由于文件柜开启关闭较为频繁，所以在设计上最好加入金属框架，以增加稳固性和耐用度（图3-29和图3-30）。此外，纸隔断屏风也是办公家具设计的一个大类，设计的屏风最好是可以拆装和收纳的，这样便于灵活地摆放和使用（图3-31和图3-32）。

图 3-29　一组运用金属框加固的纸文件柜

图 3-30　金属框加固细节展示

图 3-31　纸屏风 1（Kubedesign 公司的产品）

图 3-32　纸屏风 2（Kubedesign 公司的产品）

3.3.4 玩具产品

根据瓦楞纸的特性设计的纸玩具，主要分为大中型纸玩具和小型纸玩具。一般来说，小型纸玩具需要加入一些合成的纸材，才能较好地实现细微部分的设计制作。

一、大中型纸玩具

由于瓦楞纸具有易于折叠、易于开槽插接的特性，所以适合制作大型的结构简单的纸玩具。图3-33中的玩具虽然看似复杂，但就结构而言，无非就是开槽，结合各种纸板和纸管的插接拼装而成，这种结构既简单又牢固，既省成本又轻便，充分发挥了纸质材料的各种优异性能。纸质材料的轻便性还能很好地保护孩子，避免孩子因玩耍而磕碰受伤。因此，该玩具是一个设计得比较成功的室内玩具。图3-34也是运用折叠、开槽插接的结构，结合开孔结构形成的一个具有独立空间的小房子玩具，该玩具深受小朋友的喜爱。

图3-33 大型瓦楞纸板滑梯玩具（正弘南的作品）

图3-34 大中型纸玩具（正弘南的作品）

二、小型纸玩具

小型纸玩具除了运用折叠、开槽插接的结构外，还可以结合各种材料和结构实现灵活多变的设计制作。如图 3-35 所示为"纸箱王"品牌"翻滚吧财神爷"硬币滚动纸玩具，综合运用瓦楞纸、竹子、透明塑料板等材料制作而成，硬币可以自上而下滚落，拼装组合非常简单。图 3-36 中的"纸箱王"品牌"DIY 滚珠台"纸玩具也很有趣。（这两套纸玩具的功能和玩法见配套的视频文件——附录 2 和附录 3，请联系出版社免费获取。）图 3-37 中的系列玩具是运用简单的开槽插接结构拼装出的形态各异的动物形象玩具。（关于纸箱王品牌的产品分类，笔者作了详细的分类研究，并绘制了分类详图——附录 4，请联系出版社免费获取。）

图 3-35 "翻滚吧财神爷"硬币滚动纸玩具（"纸箱王"品牌的产品）

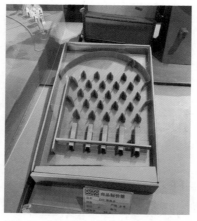

图 3-36 "DIY 滚珠台"纸玩具（"纸箱王"品牌的产品）

图 3-37 "动物王国"纸玩具（"纸箱王"品牌的产品）

3.3.5 展示道具

展示道具按功能要求和形式可分为：展架类、展板类、展柜类、展台类、屏障隔断类、护栏、发光装饰品、花槽、沙盘模型、零配件。前7类可用纸板材料来进行设计，可以替代目前市面上其他不可再生的材料。

如图3-38~图3-41所示的展架均是可拆装的展架；如图3-42所示的是立式展板；如图3-43所示的是蜂窝纸板叠装而成的珠宝展柜；如图3-44所示的是蜂窝纸板展台；如图3-45所示的是瓦楞纸板设计而成的展板与展台结合的小型展示空间；如图3-46所示的是用纸板经过插接形成的隔断屏障。以上介绍的展示道具大多来源于国外纸板设计公司，在国外，纸板用于展示设计已经相当广泛。

图3-38 展示架（Berta品牌的产品）

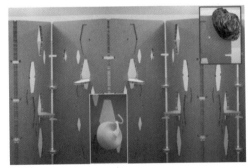

图3-39 展示架1（A4A Design公司的产品）

图3-40 展示架2（A4A Design公司的产品）

图3-41 展示架1（Generoso Design公司的产品）

图 3-42 展示架 2（Generoso Design 公司的产品）

图 3-43 "Anthias"珠宝展柜（蜂窝纸板配以玻璃饰面制作）（A4A Design 公司的产品）

图 3-44 展示架 3（A4A Design 公司的产品）

图 3-45 小型展示空间

图 3-46 组合式屏风（Karton 公司的产品）

此外，有些专卖店也可以运用纸板进行设计装饰。如图 3-47~ 图 3-50 是意大利纸板公司 A4A Design 公司于 2010 年为米兰 Mauro Grifoni Store 商店设计的橱窗和店面装饰。店内结构简单，结合体量巨大的纸雕塑形成了很好的展示效果，生动且吸引眼球。

图 3-47　米兰 Mauro Grifoni Store 橱窗设计（A4A Design 公司的产品）

图 3-48　米兰 Mauro Grifoni Store 店面设计（A4A Design 公司的产品）

图 3-49　米兰 Mauro Grifoni Store 商店室内局部 1（A4A Design 公司的产品）

图 3-50　米兰 Mauro Grifoni Store 商店室内局部 2（A4A Design 公司的产品）

3.4　纸产品开发设计的方法与原则——以家具产品为例

　　国内有批量化纸家具产品上市的品牌，现阶段来看，大多销量不理想，究其原因是产品的性价比不高，其纸产品与传统木家具、塑料家具相比没有价格优势，也没有切实地为本土消费者进行设计。

　　国内某品牌的纸产品以儿童床、书架、茶几、餐桌椅、储物柜为主（图 3-51 和图 3-52），除了用瓦楞纸进行设计外，还结合了蜂窝纸，其结构以直板黏合为主，表面用装饰纸贴面。总体而言，除了儿童床稍有特点外，该品牌的其他家具产品均与其他品牌的产品一样面临同样的挑战：没有办法与同类功能、规格的刨花板家具进行价格与质量上的竞争。而且，其产品的结构以纸板相互黏合为主，组合后就不能再次拆装，表面部位都以装饰纸覆盖贴面，不但增加了成本，而且使瓦楞纸失去了细腻和亲切的触感，透着浓浓手工味的瓦楞纹边缘给隐没掉了，没有了纸的天然质朴感，乍看就像木板家具，但又没有木板家具的坚硬厚实。

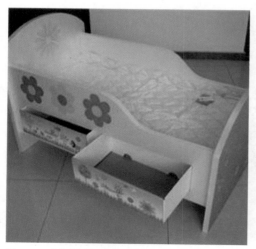

图 3-51　儿童床（某品牌的产品）

图 3-52　茶几（某品牌的产品）

可见，纸家具如果没有将廉价优势发挥出来，也没有将设计水准提升上去，在国内的推广就会注定以失败居多。下面从符合国内消费者心理和购买水平的角度，探讨适合国内纸家具开发设计的方法。国内学者在许多文献里提及纸家具的设计原则，本书主要归纳出以下几点。

（1）要能承重，并满足基本的使用功能。

（2）制作家具的纸板和其他辅料要安全。

（3）要充分考虑可拆卸性和可折叠性，为方便运输和存储应能进行平板状折叠堆码。

（4）制作费用应符合家具的价格定位。

（5）节省资源，废弃纸板家具应便于回收再利用。

国内学者对纸家具设计流程和方法的论述比较笼统，本节通过案例实践来阐述儿童纸家具系统设计方法及模块化纸家具设计方法。这两种设计方法比较适合本土纸家具的开发设计。

3.4.1　儿童纸家具主题性系列的设计

一、儿童纸家具主题性系列设计的必要性

要使儿童纸家具在家具市场上占据一席之地，就必须与市场上其他品牌的木质家具形成差异化优势。并且，要扩大纸家具的销售量，最大限度地让国内消费者从接受纸家具转为喜欢纸家具，从而增强企业投产信心，这样才能促使这一环保的新型产品得到大规模的生产。主题性系列设计就是运用主题性的策略，使家具产品形成系列化，从而有助于刺激消费者以扩大其购买的数量。

二、儿童纸家具非主题性系列设计带来的后果

笔者于2010—2011年带领学生与深圳家具企业合作研发纸家具，并将其作为学生的毕业课题。从市场调研开始到初步方案的确立，在整个开

图3-53　非主题性系列设计的家具单品（林少玲、李光兴等的作品）

发过程中，课题存在以下问题：

（1）单纯从个体产品出发进行设计，致使产品设计元素杂乱，不能进行整合营销。

大家在进行方案设计时，没有统一的设计元素，只着眼于单件产品的形象，有的选用"大象"形象，有的选用"兔子"形象，有的选用"小熊"形象……彼此之间雷同化，没有非常具有说服力的卖点。如图3-53所示，若将这些产品投放市场，消费者只会看到同质化的产品，即使消费者选择购买，也只会从中选购一两件产品。这样就不能有效地吸引消费者，也就不能促进其他产品销售。

（2）结构混乱，耗费材料较多。

没有通过系统的套系设计，单件产品必然耗费更多的材料，从而增加生产成本。

综上所述，一方面，主题性系列的纸家具设计可以加强产品的形象性，并且方便整合营销。由于纸材表面方便印刷图案，所以如果把设计元素相同的卡通形象印在家具上，并以套房家具进行系统的设计出现（如书桌椅、储物柜等组成一套完整的套房儿童家具），将更能吸引消费者的眼球，刺激消费者购买欲望。另一方面，家具以套系的形式策划，能从结构和用料上有效地控制成本，如在开料的时候，在一整张2.44m×1.2m的标准纸板上，可以根据整套家具的各个基础部件来安排开料位置，做到物尽其用。所以，系统地设计儿童纸家具产品，是推动纸家具产业快速发展的必经之路。

三、儿童纸家具主题性系列设计的方法

充分发挥纸产品方便印刷的优势，可使其与木制家具进行差异化竞争。试想，当儿童纸家具印有可爱的图形元素，并且色彩斑斓，又有哪个孩子不喜欢呢？

要想刺激家长为小孩买下一整套儿童纸家具产品，就必须要把套系家具的形式设计得更紧凑，相互之间关系更紧密，使其形成系统的有机整体。

如果把有教育意义的童话故事，通过图案、色彩、造型等设计元素与纸家具结合起来进行设计，便会充分发挥纸家具可印刷性的优势，增强其视觉冲击力，同时也会大大增加纸家具的附加价值。下面将以实例的形式逐一论述纸家具主题性系列设计的方法。

（1）家具产品主题的确定（风格定位）。

本案例设计的家具产品面向的是 2~7 岁的儿童，可根据儿童的性别来确定目标人群，如小男孩较倾向于蓝色系的产品，而小女孩则倾向于粉色系的产品。在这里所举的案例，首先把目标人群确定为小女孩，然后引入设计主题，将设计主题贯穿到系列家具的设计当中。本案例以寓言故事《龟兔赛跑》为主题故事进行设计，之所以选用这个故事为主题故事，是因为小兔子的形象非常可爱，较能打动小女孩；同时，小女孩现在一般都是父母的掌上明珠，受到百般宠爱，较易骄傲自满，这个故事可以说是父母经常用来教育小孩的启蒙故事。

（2）主题确定下的元素提取（图案设计）。

根据故事情节、内容、角色等，可以提取的设计元素包括形象、色彩、图案等。提取的主要形象有兔子、乌龟、草丛、树木，以及兔子的食物胡萝卜等。在色彩方面，由于该家具产品面向的目标人群是小女孩，所以以粉色系为主。在图案方面，则通过形象的分析进行设计，图 3-54 是兔子正面、侧面形象和胡萝卜的图案设计。将这些图案运用到系列中不同的家具产品上，可以增加产品之间的紧凑感和系列感。

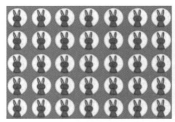 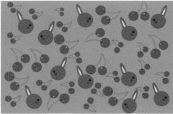 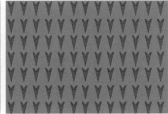

图 3-54 "龟兔赛跑"故事主题图案设计（林少玲的作品）

（3）主题确定下的元素提取（形象设计）。

根据故事内容，可以提取的设计形象就是主角（兔子和乌龟），还可以根据故事情节对产品进行设计。

图 3-55 中是纸书桌椅设计，桌子侧面使用了草丛元素，椅子侧面则使用了兔子形象，兔子耳朵形象正好是靠背的位置，使椅子形象可爱又不失实用性。图 3-56 是纸储物柜设计，也是运用了兔子的形象进行设计，同时为了加强储物柜的稳固性，在柜子的下部增加了两个胡萝卜的元素，起到支撑作用。其他家具产品，如乌龟床头柜的设计，也是以此方法设计的。

图 3-55 纸书桌椅（林少玲的作品）

图 3-56 纸储物柜（林少玲的作品）

图 3-57 为 1.6m 长的纸儿童床，也是参考故事情节设计的，床头为兔子躲在草丛中偷看乌龟的形象，而床尾则是乌龟埋头快爬的形象。这个设计整体形象可爱，趣味盎然，是一件很好的点题产品。

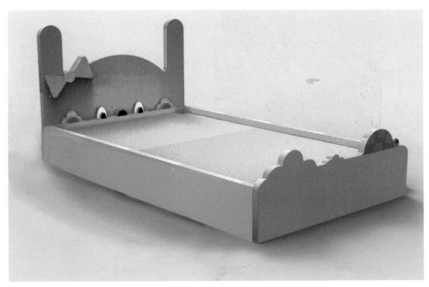

图 3-57　1.6m 长的纸儿童床（林少玲的作品）

（4）结构设计。

结构设计是在确定设计主题与设计元素后进行的，为了保持系列的视觉统一性，一般同一系列的产品会运用相同的结构方式。第 2 章已经论述了瓦楞纸家具产品设计的四种主要结构方式，即层面排列式、断面插接式、折叠式和空间组合式。层面排列式纸家具（图 3-58）比较耗费材料，而且这种结构的纸家具重量较重，小孩不易搬动；断面插接式纸家具（图 3-59）不方便印刷，没能发挥纸的最大优势；折叠式的方式较局限，不能制作形式多样的纸家具（图 3-60），只能作为辅助的结构设计方式；空间组合式纸家具则比较节省用料，产品也比较稳固，更可最大限度地在产品表面进行图案印刷。图 3-61 是前面介绍到的兔子椅子的结构图（每块组件为由 8mm 厚的瓦楞纸板黏合三层而成的 24mm 厚的纸板），是典型的空间组合式。产品在出厂时能分拆包装，并能进行平板运输，可有效地节省资源。消费者将这款椅子买回家后，可亲自组装，这种 DIY 的方式增加了家居生活的趣味性。本案例列举的纸家具（图 3-62）主要采用空间组合式，以达到在视觉上的统一感，也可减少加工及运输成本。

图 3-58　层面排列式纸家具（惠州华力
包装有限公司的产品）

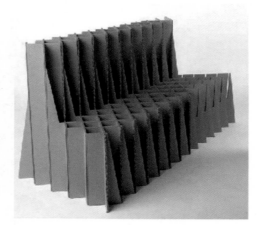

图 3-59　断面插接式纸家具（Giles Miller 的作品）

图 3-60　折叠式纸凳（惠州华力包装有限
公司的产品）

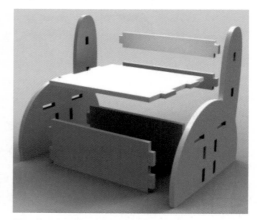

图 3-61　兔子椅子空间组合式结构图（林少玲的作品）

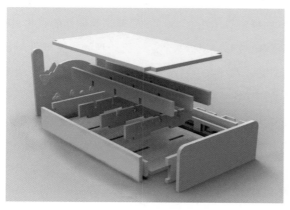

图 3-62　兔子床体空间组合式结构图
（林少玲作品）

通过主题性系列设计，最终得到一整套完整的带有很强故事情节的儿童纸家具产品，如图 3-63 所示。这套儿童纸家具产品包括兔子桌椅、兔子立柜、乌龟床头柜、龟兔儿童床、小草床尾柜、兔子梳妆台、树形婴儿床。由于这套儿童纸家具产品故事性强，家长购买后可以与小孩共同组装，既锻炼了孩子的动手能力，又可以通过讲述家具蕴含的具有教育意义的小故事教育孩子做人的道理——这同时也是这套纸家具的最大卖点，可成为强有力的营销手段，以吸引消费者购买整套纸家具。图 3-64 为兔子书桌椅实物模型，其结构坚固。该模型于 2011 年在广州市文化公园展厅展出过，在展览期间小朋友可在瓦楞纸表面绘制各种图案，以丰富家具的表面装饰，使其受到了很多小朋友和家长的喜爱及肯定。

图 3-63　儿童套房纸家具（林少玲的作品）

图 3-64　兔子书桌椅实物模型（林少玲的作品）

本节论述了系统设计儿童纸家具的优点，以及系统设计的方法。儿童纸家具主题性系列设计的方法归纳如图 3-65 所示。通过主题性系列设计，将会为儿童纸家具产品增加很多卖点，从而提升产品的竞争力。

图 3-66 是以"十二生肖"为主题设计的一套儿童椅，共 12 把。这套儿童椅体现了主题性系列设计的魅力，可以作为幼儿园中的坐具。同时，这套儿童椅传承了中华文化，让儿童对生肖文化有形象的认知，在使用前也可以让儿童自己动手组装，甚至可以让儿童在椅子上根据动物的特征绘制图案，锻炼儿童的动手能力和动脑能力。因此，这套儿童椅兼具使用功能、DIY 功能和传承文化的功能。

儿童纸家具主题性系列设计的方法

- (1) 确定目标消费人群
  - 喜好
  - 身高等尺寸
  - 家庭空间及私家车尺寸
- (2) 风格定位及确定主题
  - 将一个有教育意义的故事导入家具主题性系列设计中去
- (3) 主题确定下的元素提取（从故事情节中提取）
  - 色彩设计
  - 图案设计
  - 形象设计
- 结构设计，人机工程学分析

图 3-65　儿童纸家具主题性系列设计的方法

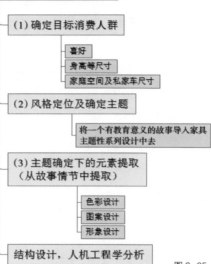

十二生肖椅

设计灵感：
design inspiration
设计灵感来源于中华文化的"十二生肖"。"十二生肖"作为悠久的民俗文化符号，具有深刻的意义。采用"十二生肖"的外轮廓，通过纸插接方式设计制作儿童椅。

产品细节
product details

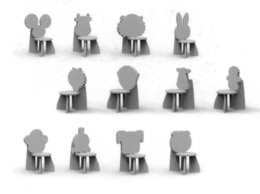

产品视图展示
Product view display

生肖造型与图案
Chinese zodiac modelling and design

使用及安装方式
Use and installation
本产品通过纸插接的方式组合而成，首先把椅腿插接在圆板上进行固定，然后把椅背插入圆板内，最后把椅背插入后椅腿上起到固定的作用，这样就安装完成了。

材料与模型制作
Material and model making

图 3-66　"十二生肖"主题性系列儿童椅（孔婷婷的作品）

3.4.2　模块化设计方法

根据瓦楞纸作为家具材料的优缺点可得出结论：租房族和办公展览等临时性空间是较佳的适用群体，这类群体可以"扬长避短"地选用纸家具。

一、方案锁定

通过对纸家具优缺点的分析，可将探索性方案锁定为屏风家具的设计，目的是希望在屏风家具中引入模块化的设计概念，以模块化的方式设计出单个构件，然后通过构件组合成不同形式、可变更大小的纸家具，使纸家具能够适用于不同的空间。这样既可以节约成本，样式也灵活多样。纸家具在国内一直未推广开来，价格一直是其最大的原因所在；但无法大批量生产，是纸家具生产成本没有办法降低的原因。模块化产品易生产，成本非常低廉（单个构件只需要一套模具），而屏风家具则可以很好地运用这种设计方式。更重要的是，屏风家具易拆装，适宜搬运，也不必承重，可以免去人们对于其承受力方面的质疑。

目前，市面上还没有纸屏风家具产品，多数纸家具是柜体类、储物类、椅子类等。但柜体类纸家具需要的模具多且拆装不便，储物类纸家具抽屉抽拉不方便且因表面极易与茶水接触而难于保存，椅子类家具则让人感觉承重不稳，而纸屏风家具没有以上问题，与市场上其他材料屏风家具的价格相比较便宜。总之，纸屏风重量轻，运输与拆装方便，可以根据空间大小改变尺寸，非常适合租房族，多用于办公空间、展览会、展销会等作为临时隔断。

二、实践探索

本方案为了实现模块化的设计，在不使用黏合剂的情况下，运用单一构件，可以随意拼装组合成任意尺寸的纸屏风，如运用凹槽结构的单一构件（图 3-67）。瓦楞纸板有多种厚度可供选择，本方案通过比对和实验，确定选用 6mm 厚的瓦楞纸板。瓦楞纸板过薄（如 2mm），则不够坚固，插接不牢；瓦楞纸板过厚（如 8~10mm），则会使屏风整体过重，容易倒塌，且会增加屏风的制作成本。

凹槽结构的插接缝宽也是 6mm（图 3-68），简单的插接结构可根据不同空间的需要，无限延展屏风墙。纸屏风组合原理如图 3-69 和图 3-70 所示。

图 3-67　纸屏风单一构件（实物）（陈书琴的作品）

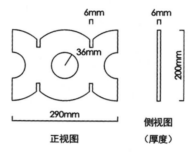

图 3-68　纸屏风单一构件尺寸图（陈书琴的作品）

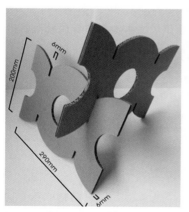

图 3-69　纸屏风组合原理图 1（陈书琴的作品）

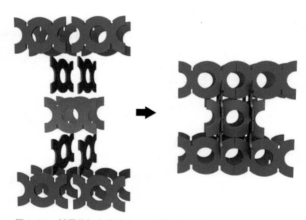

图 3-70　纸屏风组合原理图 2（陈书琴的作品）

考虑到纸屏风竖立起来后，构件的宽度即为屏风横截面的厚度，所以要立得稳，就必须要有足够的厚度和支承面。但纸屏风也不能太厚，否则屏风会显得过于笨重，这有异于屏风的简易屏障功能特性。因此，将屏风单个构件的最长尺寸设计为290mm，既保证屏风立得稳，也使屏风不至于太厚重。

在构件的中间开一个直径为36mm的圆形孔洞，构件两侧对应开直径为36mm的半圆形孔洞，这样设计主要是为了实现以下目的。

（1）纸屏风家具组装起来体型较大，开孔洞可减轻其自身质量。

（2）纸屏风家具一般方便透气并满足半封闭功能。

（3）增加造型的灵巧感。

（4）在组装纸屏风时，方便人手对其进行拿取和嵌套。

整体方案采用纸本色，体现了纸材朴素雅致、触感细腻的特点（图3-71和图3-72）；同时，利用纸材印刷方便的特点，做了系列化的装饰设计，在屏风表面进行多个色彩图案印刷处理，以增强装饰性，用来搭配不同的空间环境。如图3-73所示为根据不同空间和环境灵活组合的纸屏风，包括不同形状大小的组合及不同色彩图案的组合，趣味性强、实用性更高。此外，还可以按构件正反两面进行单面印刷着色，即一面是纸本色，另一面是彩色，让用户根据喜好选择不同的组装方式，可形成不同的视觉效果。如图3-74

图3-71　纸屏风整体效果（实物）（陈书琴的作品）

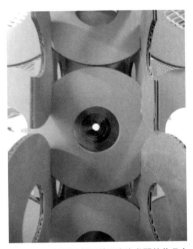

图3-72　纸屏风侧面效果（陈书琴的作品）

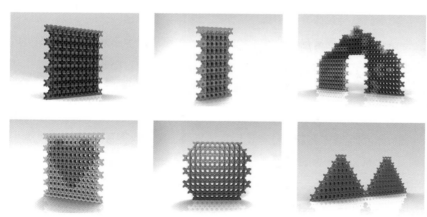

图 3-73　纸屏风各种组合效果和印刷装饰效果（陈书琴的作品）

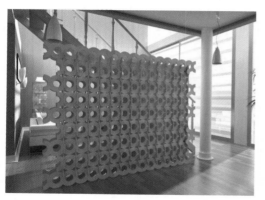

图 3-74　质朴雅致的纸屏风展示
（陈书琴的作品）

所示为质朴雅致的纸屏风，放置于家中可形成一道特别的风景线。

本方案采用模块化构件的设计，再通过结构和造型设计实现与传统家具一样的功能。但是，这套纸家具的重量只有传统家具的 20%~30%，更加方便运输和推广。而且，这套纸家具不使用任何涂料，对人们的健康不会造成危害。模块化构件的设计具有成本低廉的特点，当家具折旧后，其材料还可以回收再利用 15~17 次，能有效节省自然资源，具有较高的社会价值。瓦楞纸屏风运用了简单的结构，可无限延展，且能灵活改变大小，可以适用于不同的空间。这套家具特别适合租房族、办公展览空间等，又因质感细腻、手感和观感较好，放置于家中可以提升居家的格调和情趣，也适合追求生活品位的人群。

纸屏风家具具有广阔的市场前景，其模块化的结构和制作方式也具有较强的可行性。本设计方案得到深圳市景初家具设计有限公司的资助，并获得 2012 年广东省第六届"省长杯"工业设计大赛奖项和 2013 年中国设计红星奖原创奖银奖奖项。

3.4.3　整合设计的方法——注重部件的通用性

整合设计指的是运用系统的方法，实现产品、部件的最优化组合。图 3-75 是一系列利用瓦楞纸板、纸管及塑料连接构件连接起来的系列家具，由于色彩、材料统一和连接件具有普遍通用性，所以该系列家具的整体形象是比较统一的，包括书桌椅、书柜、搁架等。该系列家具整体结构非常简单，易于拼装，连接件（所有蓝色部件如图 3-76 所示）具有一定的通用性，因此特别适合租房族使用。纸板和纸管比较轻便，与连接件的组装也简单快速（图 3-77），即使在组装和使用过程中某一部件损坏，也很容易更换。

图 3-75　系列通用部件纸家具
（卢占云的作品）

图3-76　各种构件（卢占云的作品）

图3-77　各部件与连接件的连接方式（卢占云的作品）

3.4.4　纸家具开发设计要注意的几点原则

通过了解我国消费者对纸家具的观念及接受倾向可知，纸家具单纯强调环保是远远不够的，如果要形成体系并占领市场，那么暂时不宜走高端路线。纸家具控制生产成本是至关重要的，还要有较好的产品定位及设计思路，在发挥纸质材料优越性的同时，把握好纸家具的实用性、价廉性等特点。

纸家具开发设计要注意的几点原则如下：

（1）设计可拆装式的家具，尽量不要采用胶粘就能实现承重及稳固性的方式，否则难以做到易搬运、可反复利用。

（2）在结构和形式设计上，尽量减少模具套数，因为在模块形状基本一致的时候也可以减少生产成本和包装成本。

（3）考虑到稳固性、实用性与成本问题，尽量不要用瓦楞纸制作大型家具，如沙发、成人床之类的大型纸家具产品。

（4）纸家具最好能与目前的传统民用木家具或金属家具进行错位发展，利用纸材的优势制作木家具或金属家具所不"擅长"制作的家具类型，如婴儿床、屏风之类的纸家具产品。

（5）在装饰方面，裸露纸原料不失为好的设计方法，因为纸材本身具有细腻质朴的质感，有一种其他材质所不能替代的天然感和亲切感。即使要装饰，也应是局部的，不必在纸家具表面全部覆盖装饰图案，否则会在增加成本的同时抹杀纸材的天然之美。

3.5 纸产品开发设计的方法与原则——以玩具与展示道具为例

3.5.1 儿童大型纸玩具系统设计方法

随着生活水平的提高，人们对物质生活和精神生活的追求也在不断提高。家长们更加重视孩子的娱乐和教育，儿童玩具品种繁多，孩子在不同成长阶段的玩具需求也不一样。尤其是二胎政策开放以后，人们对玩具的需求增多了，对玩具的互动性要求也增强了。通过对不同成长阶段的儿童对玩具的需求和使用观察，我们可以发现以下问题：

（1）玩具更替时间短，孩子在不同的成长阶段会对之前阶段的玩具失去兴趣，而这些玩具大部分是不易回收利用的，并且价格较高，这样就造成了资源、能耗和金钱的浪费。

（2）玩具和游戏是孩子认识世界、探索世界的最佳途径。我国城市中的大部分家庭因居住面积不足，缺少儿童娱乐区域，在一定程度上限制了让孩子自主学习、自我探索、自我发现的活动空间。

（3）市场上可供选择的玩具众多，但塑料制品摔几次就容易产生裂纹，而且一些玩具材质存在安全隐患。瓦楞纸适合制作大型儿童玩具，这是其他材料无法比拟的。本案例是从开发一个大型的海盗船玩具展开的。

一、用户分析

（1）3~6 岁的儿童（身高 92~119cm）。

3~6 岁的儿童具有丰富的想象力和创造力，往往喜欢简单的肢体语言和动作模仿，年龄大一些的儿童的娱乐活动主要是角色扮演游戏，如"过家家"等。在游戏过程中，儿童的思维及其扮演的社会化角色的规则也会得到很好的锻炼。同时，3~6 岁的成长阶段也是儿童的创造行为容易被激发的时期。

通过观察和分析发现，小男孩大多数喜欢冒险，对神秘和体现英雄主义的事物着迷。同时，小男孩的特点是好动、好奇心强，在成人眼里很普通的物品或者现象，他们都有着较高的兴致。市面上有许多关于海盗题材的动画和玩具，甚至在国外有些父母把孩子的房间也装修成海盗船的主题风格。海盗船可发挥玩法的地方很多，如船锚、船舵、划船、开船、潜望镜等，易于角色扮演。

（2）居民住房及收入情况。

从图 3-78 中可以看出，居民可支配收入增速其实正在放缓，然而物价却在加速上涨，可以看作是基本生活成本的增加。

从图 3-79 中可以看出，家庭年均可支配收入均值是 51569 元，其中城市为 70876 元、农村为 22278 元。纸质玩具成本较低，能够满足普通家庭的需求。

目前城市人均居住用地面积标准为 14~22m²，未来我国城市人均居住用地面积标准应为 16~35m²。从图 3-80 中可以看出，人均住房达 26m²，一个家庭大约是 80m²。因此，应以大多数家庭的居住面积和儿童身高为参考，设计该玩具组装起来后的整体尺寸。

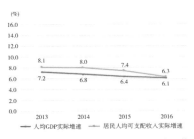

图 3-78　2013—2016 年居民人均可支配收入与人均 GDP 实际增速情况

报告显示，截至2011年8月，中国家庭资产平均为121.69万元，城市家庭平均为247.60万元，农村家庭平均为37.70万元。家庭年均可支配收入均值是51569元，城市70876元，农村22278元。从数据中发现有0.5%的中国家庭年可支配收入超过100万元，有150万中国家庭年可支配收入超过100万元，10%的收入最高的家庭收入占整个社会总收入的57%，说明中国家庭收入不均等的现象已经较为严重。

图 3-79　2016 年《中国家庭金融调查报告》节选

2013年3月，全国工商联房地产商会会长聂梅生说："我国住房持有率达到了80%左右，人均住宅面积达到26㎡，这一数字居于世界较高水平。"

图 3-80　2013 年居民住房情况

二、海盗船纸玩具设计实践

（1）方案拟定。

通过对目标用户和材料的分析，得出以下结论：

① 以大多数家庭的居住面积和儿童的身高为参考，拟定海盗船纸质玩具的尺寸为 160cm×60cm×105cm。为儿童测量尺寸采集数据如图 3-81 所示。

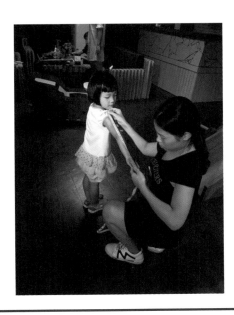

图 3-81　为儿童测量尺寸采集数据

② 根据大多数家庭的收入情况，采取最节省成本的设计方案。包装尺寸应符合普通私家车运输要求，从而减少运输费用。

③ 由于中国大部分家庭居住面积较小，而大型玩具占地面积较大，所以应采取能快速拼装和拆卸的简单结构。

④ 根据儿童好动、喜欢摆弄玩具等特点，增加玩具的玩法和趣味性，让孩子进入角色。

⑤ 市面上的很多玩具材料都具有潜在的危险性，所以在选材上采用相对安全的材料。

⑥ 儿童喜欢鲜艳的色彩，但是大面积地使用鲜艳的色彩会扩大儿童产生的心理映射，因此应采用少量色彩作为点缀色。

（2）方案构建。

为了适应中国家庭的居住现状，笔者团队抓住能"即时收纳"这一点为玩具产品的主要设计方向，以插接拼装组合的结构方式设计玩具的快速展开与收纳功能。团队初步设定了玩法，并进行了区域分类，但考虑到瓦楞纸的承重问题，故把船的活动区域定为船舱。

经过对一系列草图和草模的探索和研究，确定了以下设计原则：

① 为了降低运输成本，决定拼接的最大一块纸板不超过 130cm×70cm（受私家车后座尺寸的限制）。

② 确立船的结构，以简单的穿插拼装结构为主，以实现可反复拆装的玩法和收纳功能。

③ 强化海盗船配套的独立玩具以增加卖点，简化船身主体的玩法——船身仅保留门洞和捕鱼板，以便更好地实现收纳效果。

（3）材料分析。

玩具所使用的材料主要有瓦楞纸、合成纸，还有一些辅助材料，如黑卡纸、魔术贴、橡皮筋、纸玻璃、绳和布等。

下面主要对玩具所使用材料的特点进行分析：

① 瓦楞纸。具有很好的可塑性，通过压痕可轻松地实现折叠功能。缺点是防水性能较差，韧性不足。但一般纸玩具接触水的机会不大，与瓦楞纸性能契合。

② 合成纸。具有纸质柔软、防水、抗拉力强、耐光、耐冷热、防腐蚀、环保性等特点。

③ 黑卡纸。成本较低，厚度较薄，易切割。

④ 魔术贴。粘贴性和实用性强，适合小件连接。

⑤ 橡皮筋。用来固定物体。

⑥ 纸玻璃。通过高温、高压抽真空的设备和透明胶片，形成半透明状的玻璃。纸玻璃的特点是轻薄、防碎。

⑦ 绳。用于连接物体。

⑧ 布。起到遮挡的作用。

（4）实践探索。

根据客厅的面积和儿童的身高，确定好船身的长、宽、高及其窗、门等的尺寸。船身的整体结构（图 3-82）选择 65mm 厚的瓦楞纸制作，因为这款瓦楞纸较厚实。凹槽结构的插接缝相应也是 65mm 宽，以固定底板和侧板。侧面的每块板之间的连接则采用了简单的小插件结构来固定（图 3-83）。

图 3-82　船的拼装图（符洁如、叶培、郑元春、梁晓敏的作品）

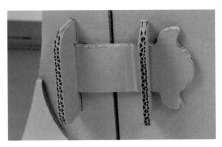

图 3-83　侧面插接小部件（穿插卡扣法）
（符洁如、叶培、郑元春、梁晓敏的作品）

围绕海盗船的主题，制作海盗帽、刀、弹弓、船桨、锚及潜望镜等小道具（图3-84）。如海盗帽（图3-84左上）利用平面合成纸，将纸两端相贴即可围成帽子的形状，结构简单，易收纳；潜望镜（图3-84右下）则利用平面合成纸折成方盒子的形状，在潜望镜的内部以45°角贴上纸玻璃，利用玻璃的反射性能可看到转折处的物体。

图3-84　海盗帽、刀、弹弓、船桨、锚及潜望镜小道具（符洁如、叶培、郑元春、梁晓敏的作品）

船体设计为上大下小的造型，除了具有船的形态之外，还可以在减少占地面积的同时不至于使内部空间过于拥挤。利用红、黄、蓝三原色进行局部装饰，既起到装饰作用又可以节省成本，船体整体色调也会更加活泼可爱。

三、玩法分析

鲸鱼门（图3-85左上）：选用鲸鱼的元素，门帘采用柔软的布料，并使用魔术贴进行黏合，以方便儿童出入船体。

鱼眼洞（图3-85左下）：采用鲜艳的红色，以吸引儿童发现鱼眼洞。鱼眼洞能满足儿童喜欢钻小洞和躲桌底的心理。

捕鱼达人（图3-85右上）：采用海洋中鱼的元素来当靶子，儿童可使用弹弓射击小鱼，能体验到捕鱼的乐趣。

小窗口（图3-85右下）：儿童在和家人或朋友一起玩耍的时候，可以从不同的小窗口探出头来。

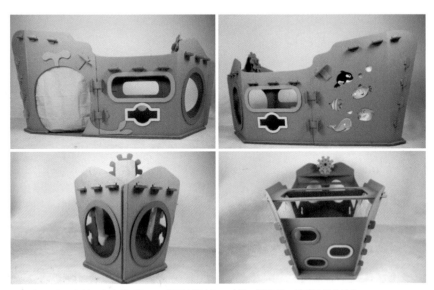

图3-85　海盗船的"左右前后"四面视图（符洁如、叶培、郑元春、梁晓敏的作品）

船舵（图3-86）：结合圆管结构制作旋转船舵，儿童可以模拟船只驾驶，满足想要漫游世界的梦想。

船桨（图3-87）：船桨采用传统的划桨造型并加以创新。两支配套的船桨可以让两个儿童同时玩耍，使其相互配合，以培养团队意识。

海盗帽、海盗刀（图3-84左上及中上）：海盗帽和海盗刀是海盗船的主题配套用具，可让儿童快速地进入海盗的角色扮演中去。儿童在与父母共同拼装海盗船的过程中，可以增进与父母的感情；当与小伙伴一起玩海盗船的时候，则可以培养相互间的合作精神和动手能力。

船锚（图3-84中下）：儿童在停船时进行抛锚，可以在玩耍中学习关于停船的相关知识；旋转抛锚的动作可以训练儿童的身体协调能力。

潜望镜（图3-84右下）：儿童可以躲在对方看不到的地方用潜望镜去观察对方的一举一动，同时潜望镜结构的变化能引起儿童的好奇心，使其了解镜面反射的知识。

图 3-86　船头的可旋转船舵（符洁如、叶培、郑元春、梁晓敏的作品）

图 3-87　船桨与划船视窗（符洁如、叶培、郑元春、梁晓敏的作品）

　　弹弓（图 3-84 右上）：在船体的左侧有一块捕鱼区域，区域中的鱼是用合成纸材料制成的。用弹弓射击鱼时，鱼会向后倒。为了使用安全，发射弹采用单片圆滑的纸片制作，避免儿童误伤。

　　在玩具的设计过程中，还要考虑玩具的运输问题，玩具的包装尺寸必须符合私家车搬运（图 3-88 和图 3-89）要求。如果私家车不能装载，则会大大增加玩具的运输成本，从而影响玩具的销量。（该套纸玩具的功能和玩法见配套的视频文件——附录 5，请联系出版社免费获取。）

图 3-88　整体玩具包装可放入私家车内 1（符洁如、叶培、郑元春、梁晓敏的作品）

图 3-89　整体玩具包装可放入私家车内 2（符洁如、叶培、郑元春、梁晓敏的作品）

四、总结分析

本案例从环保和节能的角度，以及孩子对玩具的需求等方面出发，进行分析和讲解，同时结合对中国城市家庭的居住面积、玩具制造和运输成本的考虑，所设计的纸玩具具有能快速拼装和拆卸的结构。虽然本案例的纸玩具属于大型的儿童玩具，但相比同类纸玩具来说，重量轻，运输方便，场地局限性小。这款纸玩具在生产过程中没有使用任何涂料及有害化学成分，对儿童的身体健康不会造成危害。这款纸玩具在陪伴儿童度过其游戏年龄阶段后，其材料还可以进行回收再利用，从而有效地节省自然资源，因此具有较高的社会价值。此外，这款纸玩具也适用于商场等空间的临时儿童活动项目，既可节约大量的运输成本，也可避免活动结束后的资源浪费，并能让儿童树立环保的意识。

以上就是研究纸玩具的意义，纸玩具在中国的玩具市场将有很大的市场前景。

儿童大型纸玩具系统设计方法归纳如图 3-90 所示。同时，在儿童大型纸玩具开发过程中要注意以下几点原则：

① 产品整体展开时必须考虑国内家庭的室内尺寸，搬运时必须考虑私家车的空间尺寸。

② 在不影响成本的前提下尽可能在主体玩具上增加一些玩法和趣味性，以增加卖点。

③ 利用插接结构和魔术贴等材料实现灵活组装和玩法多样化，让纸材的轻便优势在与同类玩具竞争中凸显出来。

④ 在装饰手法上采用局部装饰，其余大部分采用裸露纸原色的效果，以节省成本，并为儿童留有绘画空间，锻炼其动手能力和动脑能力。

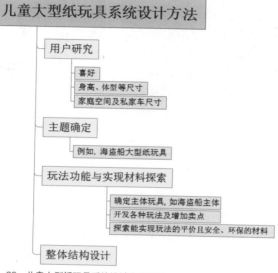

图3-90　儿童大型纸玩具系统设计方法归纳

3.5.2　展示道具模块化设计

在商业展示中，可采用瓦楞纸设计组装成不同功能的展示道具，以适应展示会场的多样化需求。这也是适应展示行业可持续发展趋势必不可少的手段，因为瓦楞纸展示道具不仅可以节省布展人力，而且还可以将展示道具的制作成本降低。

下面是一个可用于专卖店或会展场景的模块化简易展架的设计案例。该展架的单位构件仅是一块八边形纸板，且纸板上开有用于插接的 4 个小缺口，可通过高低错落的插接结构形成一个形状多变且结构稳定的展示架（图3-91）。

该构件是一个规则的八边形，直径是 35cm，短边尺寸是 15cm（图3-92），也可根据展品大小设计构件的大小。该构件的插接方式非常简

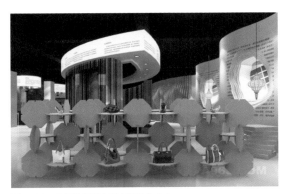

图 3-91 产品效果图（李功源的作品）

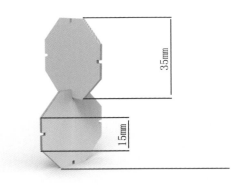

图 3-92 产品尺寸图（李功源的作品）

单，运用凹槽上下左右两两插接便可快速组装展示道具，并且可根据展品大小和展示空间大小向纵向或横向无限延展（图 3-93 和图 3-94）。

图 3-93 产品结构展示（李功源的作品）

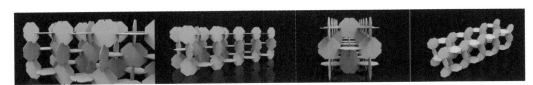

图 3-94 产品拼装方式（李功源的作品）

该展示道具的设计不仅生产方便，而且在使用的时候组装和拆卸也都非常便捷并可重复利用和平板收纳。因此，该展示道具的设计比较成功。

展示道具可以在以不增加部件数量为前提的条件下，进行模块化设计，将现有的部件采用不同的组装方式，组合成不同展示功能的瓦楞纸展示道具，如单层展示道具、多层展示道具和台面展示道具等。

第 4 章　国内外典型纸产品设计案例分析

　　本章主要介绍国内外典型的纸产品设计案例，供读者欣赏和借鉴。

4.1 国外纸产品设计案例赏析

4.1.1 个人设计师作品

一、1963 年"圆斑"童椅

已知的世界上第一件商品化的纸家具是由英国设计师 Peter Murdoch 于 1963 年设计的"圆斑"童椅（图 4-1）。这件纸家具是 Peter Murdoch 在伦敦皇家艺术学院学习时设计的，由层压的牛皮纸板制成，而且纸板表面覆盖了一层聚乙烯膜，使得童椅表面易于擦洗。这款椅子除了以纸作为制作材料外，最大的设计亮点莫过于其简单的结构和独特的销售方式。"圆斑"童椅没有在专门的家具销售店销售，而是在超市的货架上销售。它以平板包装的形式销售，800 张椅子堆叠起来只有约 122cm，也便于运输和存放。顾客将童椅买回家后只需按照说明书操作，沿着特定的压痕折叠，然后把盖子插入切槽形成座椅，就可以完成装配。整个装配过程不需要任何特殊工具，非常方便。同时，这样折叠的方式好似儿童折纸的游戏，家长可以让孩子一起参与童椅的装配。当然，这件在超市销售的家具，价格也是很低廉的。"圆斑"童椅共有五层纸板，虽然以纸为材料，但因结构合理也有较好的强度和稳固性。同时，它的重量很轻，便于移动，对孩子来说很安全，也很环保。

二、20世纪80年代"实验边缘"系列家具

在20世纪80年代，美国著名设计师Frank Owen Gehry使用他偏爱的纸板为材料，设计出了一套被称为"实验边缘"的系列家具。图4-2中的沙发和脚凳就是这一系列中的两款家具，它们的造型与传统家具相比相当奇特，不规则的边缘充分展示了纸板这种材料的特性。这款沙发和脚凳属于非耐用品，但却是环保产品的典型代表。往复折椅（图4-3）也是"实验边缘"系列家具中的一件，它大约用了60层纸板黏合在一起，轮廓为弯曲的线条，边缘使用纤维板，造型独特，极富趣味性。从生态学方面来讲，能使用废纸设计出这样的作品的确令人叹为观止，然而对于这一系列家具来说，Frank Owen Gehry只是将它们作为一种艺术家具，并不指望能够投入实际生产。

图4-1 "圆斑"童椅（Peter Murdoch 的作品）

图4-2 "实验边缘"沙发和脚凳（Frank Owen Gehry 的作品）

图4-3 "实验边缘"往复折椅（Frank Owen Gehry 的作品）

三、英国设计师 Giles Miller 的纸产品设计

Giles Miller 在英国拉夫堡大学学习家具设计期间，他为无家可归的人设计床具后，就开始关注和使用瓦楞纸这种材料。他被称为"硬纸板之王"，其所设计的纸板家具（图4-4）具有浓厚的个人风格，同时也充满巧思、结构严谨坚固、外观细腻优美。像他设计的"Pool chair"池椅（图4-5）便是一款结构严谨精练，突出了纸材特征的瓦楞纸产品，运用空间穿插的结构使椅子坚固无比。图4-6的凹槽纹饰桌、图4-7的屏风及图4-8的"Flute Pendant"凹槽纹饰吊灯的纹饰图样，均是手工制作的，Giles Miller 在纸板表面上，创造出独一无二的雅致感。图4-9至图4-11是Giles Miller 设计的古典风格家具，仅运用边沿和门把手的造型就勾勒出了欧式古典的线条，简洁而形象，弥合了廉价材质和经典家具的界限。

图 4-4　产品展示空间（Giles Miller 的作品）

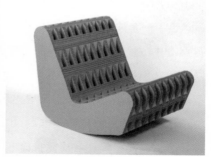

图 4-5　"Pool chair"池椅（Giles Miller 的作品）

图 4-6　凹槽纹饰桌（Giles Miller 的作品）

图 4-7　屏风（Giles Miller 的作品）

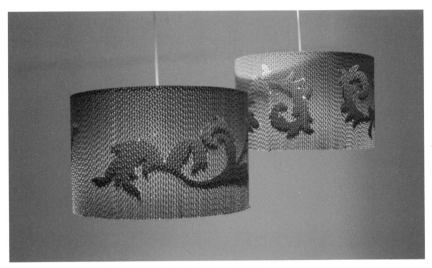

图 4-8　"Flute Pendant"凹槽纹饰吊灯（Giles Miller 的作品）

图 4-9　储物柜（Giles Miller 的作品）　　图 4-10　老爷钟（Giles Miller 的作品）　　图 4-11　衣橱（Giles Miller 的作品）

四、荷兰设计师 David Graas 作品

David Graas 的设计原则是"所有产品都是一时的"，当他设计的作品不可避免地被丢弃时，尽可能确保它们无害。其设计的纸躺椅（图 4-12）不需要用胶水黏合，完全用手工组装。这款纸躺椅符合人体线条的外轮廓，人坐于其上能感觉舒适，不需要任何软垫。茶几（图 4-13）不仅是可回收的，而且能用平板状包装运送，还能简单地槽接组装。

如图 4-14 和图 4-15 所示的儿童椅由外部的包装和内部的部件组成，需要先把外部包装的椅子侧面轮廓裁出，然后和包装盒子内部的组件一起组装起来，这样设计的最大优点是可以利用到大部分的盒子纸材，减少浪费。

　　David Graas 把灯罩的包装和产品整合为一体（图 4-16），灯罩的镂空图样透露了它的使用方式，而所有必备的零件（如灯泡、电线、灯座等）和组装说明书则放在灯罩的内部。

　　David Graas 认为，"好设计"体现在一件产品在使用过程的前后应具备同样的功能，而且在使用后不会造成环境的污染，如图 4-17 和图 4-18 所示的凳子。他之所以选择硬纸板作为这款凳子的唯一材料，是因为凳子废弃后容易拆解及做成肥料。

图 4-12　纸躺椅（David Graas 的作品）

图 4-13　茶几（David Graas 的作品）

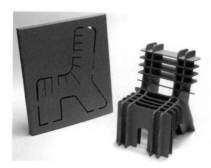

图 4-14　儿童椅（David Graas 的作品）

图 4-15　儿童椅组装场景（David Graas 的作品）

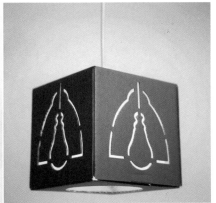

图 4-16 灯罩（David Graas 的作品）

图 4-17 凳子（David Graas 的作品）　　图 4-18 凳子的使用场景（David Graas 的作品）

五、法国建筑师 Claude Jeante 作品

Claude Jeante 是一位著名的法国建筑师，他对产品设计也情有独钟，其创造的动物园系列纸产品（图 4-19）就是用瓦楞纸制成的具有特定功能的动物形象产品。这些纸产品（图 4-20~ 图 4-29）有储物架、猫窝、笔筒、笔盒、挂钟等，每件纸产品都非常生动有趣，且充分发挥了瓦楞纸制作玩具和产品的无限潜能。这些纸产品上令人印象深刻的可爱动物使人产生很多创作灵感，非常多的细节处理让人感受到了浓浓的手工味。

图 4-19　动物园系列纸产品（Claude Jeante 的作品）

图 4-20　猫形储物架
（Claude Jeante 的作品）

图 4-21　狮子形纸猫窝（Claude
Jeante 的作品）

图 4-22　猫形笔筒（Claude
Jeante 的作品）

图 4-23　狼形抽拉笔盒（Claude Jeante 的作品）

图 4-24　动物挂钟（Claude Jeante 的作品）

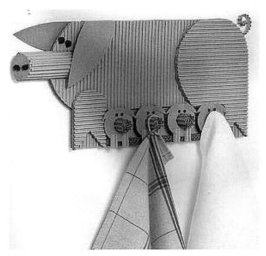

图 4-25　猪形挂钩（Claude Jeante 的作品）

图 4-26　猫头鹰形灯具（Claude Jeante 的作品）

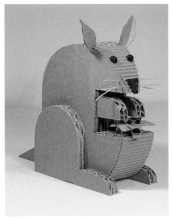

图 4-27　袋鼠形摆件（Claude Jeante 的作品）

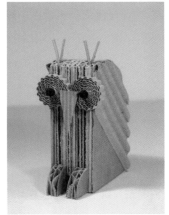

图 4-28　猫头鹰形摆件（Claude Jeante 的作品）

图 4-29　猩猩形摆件（Claude Jeante 的作品）

六、意大利设计师 Massimo Duroni 作品

意大利设计师 Massimo Duroni 坚持可持续发展和功能主义的设计理念，他在意大利、中国等多个国家举办过上百次设计会议和工作坊，在生态设计领域贡献良多。

纸管床（图 4-30）是他众多设计作品中的一款生态设计作品，没有使用任何螺丝钉和胶水。纸管床便于拆卸和组装，成人可以在几分钟内完成组装。床的长宽尺寸都是 200cm，高度可以根据使用元件的数目而变化。

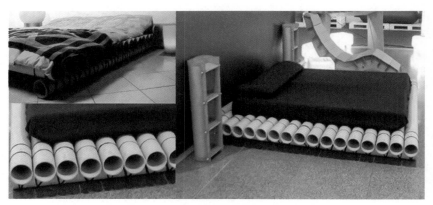

图 4-30 纸管床多角度图（Massimo Duroni 的作品）

瓦楞纸书柜（图 4-31 和图 4-32）是他的另一款生态设计作品，此书柜可容纳 60 张 CD 或若干中等规格的书籍。由于该书柜采用的是单一材料，所以容易拆卸和运输，把框架拆卸下来，就成了再生纸配套管和一个简单的瓦楞纸带，卷起来即可完成收纳。

图 4-31 瓦楞纸书柜 1（Massimo Duroni 的作品）

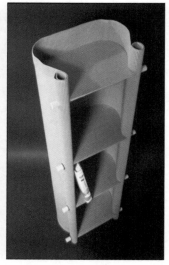

图 4-32 瓦 楞 纸 书 柜 2（Massimo Duroni 的作品）

七、瑞士建筑师 Nicola Enrico Stäubli 作品

瑞士建筑师 Nicola Enrico Stäubli 设计的儿童折叠椅（图 4-33），消费者不需要购买这个产品，只需要从他的网站上下载免费的模型，用一台打印机、一些纸板和一把剪刀，就可以制造出坚固的坐椅。

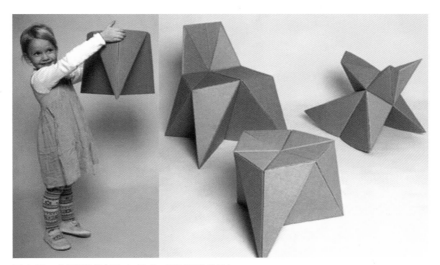

图 4-33　儿童折叠椅（Nicola Enrico Stäubli 的作品）

八、日本设计师正弘南作品

日本设计师正弘南主要为儿童家具品牌 TUCHINOCO 公司设计纸板儿童家具（图 4-34~ 图 4-40）。TUCHINOCO 公司使用的材料并非普通的瓦楞纸板，而是一种和木头一样坚硬的"增强型瓦楞纤维板"，这种板材使用多年后也不会损坏，而重量只有木材的 1/4~1/3，虽然价格比一般瓦楞纸板和塑料贵，但是这种材料是完全可回收的。这些儿童纸板家具和玩具整体结构紧凑，圆角处理是它们的基本特征。

例如，图 4-36 这款大型瓦楞纸板滑梯玩具，楼梯是用纸管制成的，车轴是由纸管构成的，像隧道一样，可供儿童穿越玩耍；又如，图 4-39 和图 4-40 这款儿童煮食炉灶玩具轻便、形象，为儿童创造了一个简单、方便的"煮食"空间，趣味盎然。

图 4-34　儿童桌椅（正弘南的作品）

图 4-35　树形书柜（正弘南的作品）

图 4-36　大型瓦楞纸板滑梯玩具
（正弘南的作品）

图 4-37　鸟形木马（正弘南的
作品）

图 4-38　动物形儿童凳（正弘南的
作品）

图 4-39　儿童煮食炉灶玩具 1（正弘南的作品）

图 4-40　儿童煮食炉灶玩具 2（正弘南的作品）

4.1.2 企业及公司产品

一、Kubedesign 公司产品

意大利纸家具设计公司 Kubedesign 以生产实用的纸家具和办公纸家具为主，兼设计纸灯具和一些商业展示用的纸道具。该公司设计的家具不仅实用，而且装饰性极强，如图 4–41 所示的凳子图案新颖，而图 4–42 的"Spanky"人形搁架生动灵活，在搁放东西的同时也为家居增添了不少趣味。这个搁架还可以作为商场的展示道具，无论正反放置都充满了趣味性。如图 4–43 所示的纸屏风运用了模块化的设计方法，造型时尚、优美，且容易生产和拼装。如图 4–44 所示的"Piega"折叠椅结构巧妙，可折叠收纳和平板运输，是由设计师 Roberto Giacomucci 设计的，这款设计曾获得 2011 年的 Good Design Award 设计奖。这些可生物降解的瓦楞纸家具表面还做了防水处理，进一步增加了其耐用性。

Kubedesign 公司设计的其他纸家具如图 4–45 至图 4–48 所示。

图 4-41 凳子（Kubedesign 公司的产品）

图 4-42 "Spanky"人形搁架（Kubedesign 公司的产品）

图 4-43 屏风（Kubedesign 公司的产品）

图 4-44 "Piega"折叠椅（Roberto Giacomucci 的产品）

图 4-45　办公家具（Kubedesign 公司的产品）

图 4-46　气质沙发（Kubedesign 公司的产品）

图 4-47　书柜单元（Kubedesign 公司的产品）

图 4-48　吊灯（Kubedesign 公司的产品）

二、Green Lullaby 公司产品

Green Lullaby 公司是一家专注于生产纸板儿童成长家具和玩具的公司，工厂位于以色列。这家公司用的纸板是一种增强型瓦楞纸板，这种纸板可用于包装新鲜食品，既防水又防火，承重性能也很好。如图 4-49 所示的环保摇篮，可承受高达 40kg 的质量，不需要任何工具就可以组装和拆卸，除了在家里使用之外，也方便带出户外使用。这款摇篮可以摇晃，还可以在上面任意进行装饰或绘画；不用时可以平板储存，因为材料是完全可以自然降解的，可直接丢弃。

如图 4-50 所示的多功能盒可承重 50kg，可储物，也可作为学习用具或玩具。一套多功能盒由 3 个盒子组成，完全是用瓦楞纸板制成。

图 4-49　环保摇篮（Green Lullaby 公司的产品）

图 4-50　多功能盒（Green Lullaby 公司的产品）

如图 4-51 和图 4-52 所示为桌子和长凳。桌子可储物，用轻便的瓦楞纸板制成，不会伤及儿童的手部和头部，因重量轻也可以被儿童随意搬动。长凳可承受 120kg 质量，也可供成人歇坐。

图 4-51　桌子和长凳（Green Lullaby 公司的产品）

图 4-52　桌子和长凳的使用场景（Green Lullaby 公司的产品）

三、A4A Design 公司产品

意大利的 A4A Design 公司是专业生产蜂窝纸板展示道具的公司，兼生产小量蜂窝纸板家具和玩具。该公司生产的展示道具多以大体量的纸产品为主，这也是其坚持用蜂窝纸板的原因。A4A Design 公司总部设在米兰，自 2002 年成立以来，专门做可回收、可重复利用的纸产品。该公司由建筑师 Nicoletta Savioni 和 Giovanni Rivolta 带领，他们既是设计师又是布景师，在意大利及其他国家推出过众多大型的设计。

图 4-53 的模组化书架可堆叠至四层高，并可依各种特定情况做多功能的组合配置。

2004 年 11 月，A4A Design 公司为珠宝品牌"Anthias"设计制作了一款展示柜（图 4-54）。这款展示柜一共有两种规格，外圈的展示柜与内圈的展示柜形成同心圆效果，结构简单，由层叠式结构组成，且蜂窝纸材质形成的特殊肌理既美观又大方。

图 4-55 是 A4A Design 公司于 2012 年 7 月为意大利诺瓦拉的 Palazzo Tornielli 博物馆设计的轻便流动式展示柜。该展示柜仅用切割好的蜂窝纸板摆放出前后高低错落的造型，就形成了一组设计感极强的展示台，显示了蜂窝纸板这种材料的环保性，能适应艺术和设计领域不断的创新和可持续发展需求。

图 4-53 模组化书架（A4A Design 公司的产品）

图 4-54 "Anthias"珠宝展示柜（蜂窝纸板配以玻璃饰面制作）（A4A Design 公司的产品）

图 4-55 意大利诺瓦拉 Palazzo Tornielli 博物馆流动式展示柜一角（A4A Design 公司的产品）

2005 年 9 月，A4A Design 公司为米兰电影节的儿童区设计了一款动物装置台（图 4-56 和图 4-57），可围合成一个会议区域。这款完全用蜂窝纸板制作的装置台是通过互相咬合的结构进行组装的，组装非常便捷。这种咬合结构如拼图般，设计有多种尺寸，能满足游戏、歇坐等功能需求。

图 4-56　动物装置台（A4A Design 公司的产品）　　　图 4-57　动物装置（A4A Design 公司的产品）

图 4-58 的吊挂装置是受海洋生物启发而设计的，是由多个圆圈块咬合连接到中间一条轴上的造型结构。该吊挂装置的结构非常简单，虽然看上去体量巨大，但实际上非常轻便，不会给吊挂造成任何压力。从这个角度来考虑，该吊挂装置用纸板来制作是最合适的。

图 4-58　吊挂装置（A4A Design 公司的产品）

蜂窝纸板具有廉价、灵活、方便印刷的特点，可以发挥其快速适应潮流变更形象的优点，能制作丰富多彩的橱窗艺术造型（图4-59和图4-60）。而且，只需要两块蜂窝纸板，就可竖立起来组成坚固的纸质货架（图4-61）。

图4-59　橱窗设计1（A4A Design公司的产品）

图4-60　橱窗设计2（A4A Design公司的产品）

图4-61　超市纸质货架（A4A Design公司的产品）

四、Nigel's Eco Store 公司产品

Nigel's Eco Store 公司由 Nigel 于 2005 年建立，是目前英国最大的独立环保在线零售商，其售卖的产品以环保的产品为主（图4-62 ~ 图4-65）。

图 4-62　纸沙发（Nigel's Eco Store 公司的产品）

图 4-63　纸椅子（Nigel's Eco Store 公司的产品）

图 4-64　纸房子玩具（Nigel's Eco Store 公司的产品）

图 4-65　纸火箭玩具（Nigel's Eco Store 公司的产品）

五、Smart Deco 公司产品

美国 Smart Deco 公司最初是一个只有 5 个人规模的瓦楞纸板包装公司，经过几十年的发展，现今已是一家大型的瓦楞纸板企业。业务范围除了包装业务以外，还生产以办公家具（图 4-66 和图 4-67）为主的纸板家具。Smart Deco 公司所用的纸板是一种名为"Enviroboard"的高质量瓦楞纤维板，所生产的办公柜和办公桌结构严谨，容易组装，柜子顶部和桌子表面覆盖着特制的透明胶片，且在面板四角用胶钉快速固定，能够防水、防尘，如图 4-68 和图 4-69 所示。由于这些办公柜结构巧妙，所以承重性比劣质的木质家具的承重性还要好很多，如图 4-70 和图 4-71 所示。

图 4-66　办公家具 1（Smart Deco 公司的产品）

图 4-67　办公家具 2（Smart Deco 公司的产品）

图 4-68　办公桌表面覆有透明胶片（Smart Deco 公司的产品）

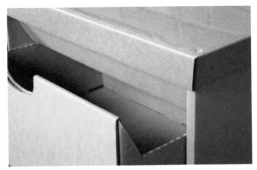

图 4-69　办公桌桌面四角用胶钉固定（Smart Deco 公司的产品）

图 4-70　办公柜结构严谨（Smart Deco 公司
的产品）

图 4-71　办公柜承重性能好（Smart Deco 公司的产品）

六、Karton 公司产品

　　澳大利亚 Karton 公司是专注于用纸板和聚丙烯板制作家具的公司，其生产的家具以耐用、优美和完全可回收为宗旨。Karton 公司设计的纸板家具可以在几分钟内不使用任何工具的情况下完成拆装，存储也很方便。其所设计的家具以满足家庭、公司、贸易展览的使用为目的。

　　图 4-72 和图 4-73 是 Karton 公司生产的办公桌椅和文件柜，这些产品结构紧凑，造型简洁，给人以简洁和牢固可靠的印象。其组装非常方便，不用借助任何工具，仅手工就可以在几分钟内完成组装。

　　图 4-74 ~ 图 4-80 是 Karton 公司"Nomad"系列模块化屏风家具，可以在短时间内组装完成，并有 10 种颜色可选。"Nomad"系列屏风能起到临时的隔墙作用，适用于隔间、门廊或临时办公室，组装方式简单，颜色搭配优美。

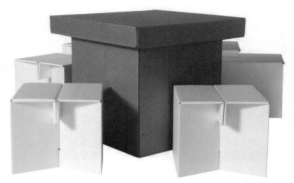

图 4-72　办公桌椅和文件柜（Karton 公司
的产品）

图 4-73　办公桌椅（Karton 公司的产品）

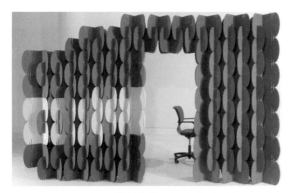

图 4-74 "Nomad" 系列模块化屏风使用场景展示（Karton 公司的产品）

图 4-75 "Nomad" 系列模块化屏风组装展示（Karton 公司的产品）

图 4-76 蝴蝶形纸屏风组装展示（Karton 公司的产品）

图 4-77 蝴 蝶 形 纸 屏 风 使 用 场 景（Karton 公司的产品）

图 4-78 应用于办公室的 "Nomad" 系列屏风（Karton 公司的产品）

图 4-79 应用于展示空间的 "Nomad" 系列屏风（Karton 公司的产品）

图 4-80 应用于卧室的 "Nomad" 系列屏风（Karton 公司的产品）

七、Rijada 工作室产品

图 4-81~ 图 4-83 所示的是一款名叫狼椅的儿童椅。这款产品是由拉脱维亚的 Rijada 工作室设计的，结合了玩具和家具的双重功能，其简单轻便的结构方便儿童搬动，同时具有一定的趣味性和互动性。

图 4-81　狼椅儿童椅
（Rijada 工作室的产品）

图 4-82　狼椅儿童椅使用状态 1
（Rijada 工作室的产品）

图 4-83　狼椅儿童椅使用状态 2
（Rijada 工作室的产品）

八、Pomada 工作室产品

Pomada 工作室是由阿根廷的工业设计师 Antonela Dada 和 Bruno Sala（图 4-84）一起创立的，其生产的纸家具（图 4-85~ 图 4-89）是由直径为 30cm 的纸管制成，并由胶合板或可再生 OSB 板（欧松板）固定的。当纸管固定在一起后，在表面上涂抹防水漆可以起到保护的作用。

图 4-84　工业设计师 Antonela Dada 和 Bruno Sala

图 4-85　纸管躺椅（Pomada 工作室的产品）

图 4-86　纸管椅（Pomada 工作室的产品）

图 4-87　纸管凳 1（Pomada 工作室的产品）

图 4-88　纸管凳 2（Pomada 工作室的产品）

图 4-89　纸管桌椅组（Pomada 工作室的产品）

九、Generoso Design 公司产品

意大利 Generoso Design 公司是以设计集功能性、环保性于一体的高质量耐用产品为主的设计公司。该公司成立于 2006 年，以创新和尊重环境保护的理念来生产家具，其设计的产品都是采用可回收的材料和可持续发展的生产工艺制造的。

Generoso Design 公司的每件家具产品均采用模块化设计，通过简单地组合可以重复使用，且方便拆装，在拆卸后可平板包装运输。

图 4-90 和图 4-91 的这款"Dondo"摇躺椅采用双层瓦楞纸做成，别具匠心，使用时只需前后摆动手臂就可以实现坐姿和躺姿的自由切换。

图 4-92 和图 4-93 是名为"Rondo"的展示桌，是由模块化组合完成的。由于这款展示桌可以进行任何形状和长度的组合，所以适合各种形式的展览和活动，组装容易，而且拆卸后只占据组装时 5% 的空间。

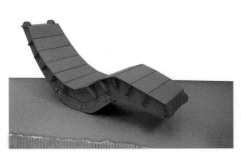

图 4-90 "Dondo"摇躺椅（Generoso Design 公司的产品）

图 4-91 "Dondo"摇躺椅使用状态（Generoso Design 公司的产品）

图 4-92 "Rondo"展示桌 1（Generoso Design 公司的产品）

图 4-93 "Rondo"展示桌 2（Generoso Design 公司的产品）

图 4-94 是名为"Lady"的椅子，它以折叠结构实现座椅功能，拆卸后所占空间非常小。

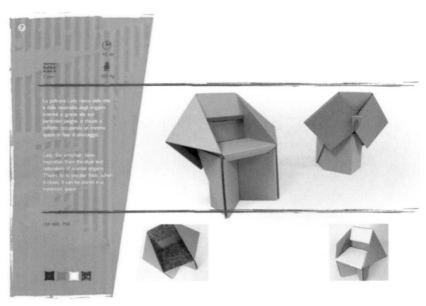

图 4-94 "Lady"椅子（Generoso Design 公司的产品）

图 4-95 和图 4-96 是名为"Biblo"的书柜，这款书柜可作为图书馆、商店、展览会的展位，或作为商店临时使用的模块化家具。

图 4-95 "Biblo"书柜 1（Generoso Design 公司的产品）

图 4-96 "Biblo"书柜 2（Generoso Design 公司的产品）

图 4-97 是名为"Toto"的展示架，可作为一个简易讲台或者展示空间中的信息材料放置架使用。

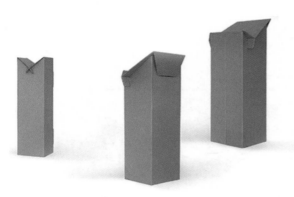

图 4-97 "Toto"展示架 1（Generoso Design 公司的产品）

图 4-98 和图 4-99 是"Toto"展示架的又一形态，可用在书店或报摊等场所放置杂志等资料，非常容易快速地实现组装。

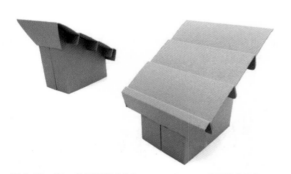

图 4-98 "Toto"展示架 2（Generoso Design 公司的产品）　　　　图 4-99 "Toto"展示架 3（Generoso Design 公司的产品）

图 4-100~ 图 4-102 是名为"Fefe"的海报展示架，可用于展示海报、照片等。这款展示架折叠存储时，最多只有 28mm 厚。

图 4-100 "Fefe"海报展示架（Generoso Design 公司的产品）

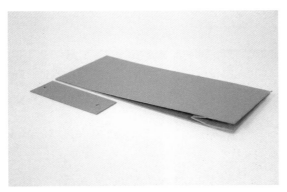

图 4-101 "Fefe"海报展示架折叠结构图（Generoso Design 公司的产品）

图 4-102 "Fefe"海报展示架侧面（Generoso Design 公司的产品）

4.2 国内纸产品设计案例分析

一、"纸箱王"品牌产品

"纸箱王"是成立于 2003 年的天染实业公司的产品品牌。天染实业公司是冠球彩色印刷股份有限公司旗下的公司，以生产包装为主业。2008 年，随着包装产业的利润急剧下降，许多同类公司纷纷被迫转行。天染实业公司也不得不面临这样的选择：要么转行，要么在创新中寻得一线生机。但完全脱离本行几乎是不可能的，因此天染实业公司只能从纸品的创新上求得生存。

以包装设计起家的天染实业公司，多年来积累了数万件设计产品，其中许多产品与生活息息相关。公司的管理人员认识到，这或许正是企业转型的契机，因为只有与生活无限关联，才会产生无限的符合市场需求的产品。经过慎重的考虑和调查研究后，公司最终决定将 50% 的产品比重转向与生活息息相关的纸制品生产，也就是"纸箱王"品牌。

"纸箱王"品牌涵盖产品领域、主题创意园区、定制产品等业务。其中，产品领域包括纸灯具、纸文具、纸餐具、纸家具、纸玩具几大块；主题创意园区是以园区所在地的当地文化为设计背景和风格，园区中所有室内装饰和餐饮区域的用具均为纸制品，融展示、娱乐、产品销售和餐饮于一体，创意度和趣味度很高。如图 4-103~ 图 4-106 所示的是"纸箱王"周庄店

图 4-103 "纸箱王"周庄店入口

图 4-104 "纸箱王"周庄店室内场景 1

图 4-105 "纸箱王"周庄店室内场景 2

图 4-106 "纸箱王"周庄店室内场景 3

的入口处和室内场景，牌匾、门脸、亭台、桌椅、布景均用瓦楞纸制作，制作工艺包括粘贴、刮痕、镂空、拼贴、组合拆接等。这套产品造型栩栩如生，质感质朴、悦目，和周庄的古典人文氛围契合得很好。

这套产品因场景的营造手法所限而不能大批量生产，只能通过小批量生产制造，但能起到一定的广告宣传作用。下文将对其中一些做得出色的产品作重点介绍。

"纸箱王"的企业吉祥物是一个叫"阿浪"的公仔玩具，这款玩具设计精巧，在结构上将瓦楞纸与弹力绳结合，绳子作为纸箱部件之间的连接件使公仔四肢可以灵活地往各个方向转动，像一个百变机器人一样，如图4-107所示。"阿浪"公仔玩具的结构和玩法非常灵活巧妙，如图4-108和图4-109所示。

图4-107 "阿浪"公仔玩具的结构（"纸箱王"品牌的产品）

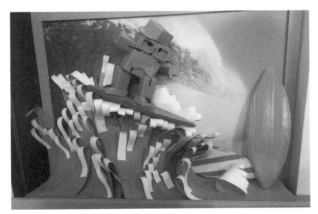

图4-108 与冲浪场景结合的"阿浪"公仔玩具（"纸箱王"品牌的产品）　图4-109 与飞机场景结合的"阿浪"公仔玩具（"纸箱王"品牌的产品）

前文介绍过的"纸箱王"品牌"壁虎神枪手"橡皮筋手枪,如图4-110所示,灰色部分是用若干张灰纸板制作的,而白色部分则是用若干张特种纸黏合制作的较硬的可伸缩结构。使用该橡皮筋手枪时,把3条橡皮筋扣在准星和击锤之间,然后扣动扳机,就可以将3条皮筋像子弹一样发射出去。该橡皮筋手枪结构巧妙(图4-111和图4-112),丝毫不逊色于塑料玩具枪,且给人一种全新的娱乐体验。

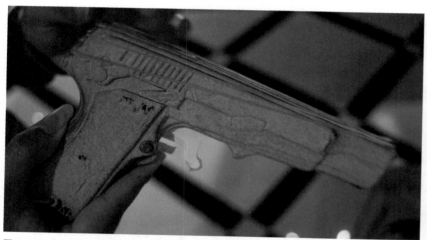

图4-110 "壁虎神枪手"橡皮筋手枪("纸箱王"品牌的产品)

图4-111 "壁虎神枪手"橡皮筋手枪及包装("纸箱王"品牌的产品)

图4-112 "壁虎神枪手"橡皮筋手枪内部结构("纸箱王"品牌的产品)

"纸箱王"还有一套名为"童玩系列——刀剑盾牌"的玩具（图4-113），这套玩具是根据瓦楞纸轻便、安全的特性设计的刀剑盾牌系列，可以让小朋友毫无忌惮地打闹玩耍。"纸箱王"在新的一季室内装饰设计中，还用这套玩具与"阿浪"公仔玩具组合成一个威武的将军形象，并将其立于门面之中（图4-114）。

图4-113 "童玩系列——刀剑盾牌"玩具（"纸箱王"品牌的产品）

图4-114 刀剑盾牌与"阿浪"公仔玩具组合（"纸箱王"品牌的产品）

二、广州市纸乎折也文化用品有限公司的产品

广州市纸乎折也文化用品有限公司成立于2015年，是专注于纸产品设计、定制、生产和销售的企业，该公司旗下"纸无限"品牌的两大块业务分别是：①开发教育和娱乐类手工纸产品（图4-115）；②为幼教机构、商业机构提供场景定制服务（图4-116）。

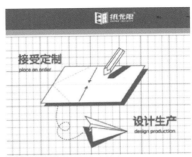

图4-115 教育和娱乐类手工纸产品（"纸无限"品牌的产品）

图4-116 为幼教机构、商业机构提供场景定制服务的宣传页面（"纸无限"品牌的产品）

广州市纸乎折也文化用品有限公司以推广"广府文化"等中国文化为基点，研发和生产了"广州塔"DIY造型灯（图4-117）、"熊猫头套"系列（图4-118）等手工文创娱乐产品。这两款产品也受到了广大消费者的好评，其中"纸无限"品牌的代表产品"熊猫头套"实现单品年销售达10余万件。

广州塔是广州的地标建筑，这款"广州塔"DIY造型灯是用柔韧性较强的防水合成纸和LED节能灯搭配制作的。此款"广州塔"DIY造型灯具有以下优点：①可以户外使用；②可反复拆卸和组装；③方便成人和儿童进行DIY创作；④具有科普功能。

"熊猫头套"系列产品有100多款不同主题的产品，该系列产品的折叠过程也比较简单，当消费者收到产品后，取出经机器预先切割好的纸张，

图4-117　"广州塔"DIY造型灯（"纸无限"品牌的产品）

图4-118　"熊猫头套"系列产品之一（"纸无限"品牌的产品）

按使用说明教程进行折叠和粘贴就可以折叠成立体的多边形头套。产品的折叠过程也是一个手脑并用的过程，在整个折叠过程中消费者能够体验到亲手创作的乐趣。

如图4-119所示是2019年广州市纸乎折也文化用品有限公司为深圳市杨梅红艺术教育集团有限公司提供的场景定制服务，此次创作的主题为"儿童艺术创意市集"。

图4-119 "儿童艺术创意市集"现场（"纸无限"品牌的产品）

三、"宝堡乐"品牌产品

"宝堡乐"是国内一个专注于儿童瓦楞纸城堡玩具制作的品牌，其推广的理念是"每个孩子都有一个城堡梦！"（图4-120）。众多买家普遍对"宝堡乐"的产品（图4-121）比较认可，因为它的玩具安装方便，很受儿童欢迎。"宝堡乐"产品的卖点及产品开发的方向、定位等策略都与本书第3章3.1节和3.2节所述内容相符。图4-122和图4-123所示的纸城堡玩具，销售价格为2380元人民币，网络销售记录显示该款产品明显没有销售价格为298元的图4-121所示产品销量大；而图4-124所示的纸城堡玩具内更是增加了多种玩法，增加了产品的卖点。

图 4-120　DIY 瓦楞纸公主城堡玩具海报（"宝堡乐"品牌的产品）

图 4-121　"宝堡乐"产品买家反馈图片（"宝堡乐"品牌的产品）

图 4-122　DIY 涂鸦玩具屋公主城堡 1（"宝堡乐"品牌的产品）

图 4-123　DIY 涂鸦玩具屋公主城堡 2（"宝堡乐"品牌的产品）

图 4-124　纸城堡玩具通过展示各种玩法以增加卖点（"宝堡乐"品牌的产品）

四、瓦楞纸产品设计大赛获奖作品

　　近年来，国内一些瓦楞纸产品设计作品在国内外各大比赛中屡获大奖，可见国内的瓦楞纸产品设计水平在逐步提升，同时也得到各类大赛专家评委的认可。例如，在第 3 章中介绍的瓦楞纸屏风（图 4-125 和图 4-126）就获得了 2013 年中国设计红星奖原创奖银奖；由华南理工大学设计学院李萌老师指导，并与旺盈印刷集团（国际）有限公司合作的作品 V-Life 创意儿童纸家具（图 4-127 和图 4-128）获得了 2018 年全球 iF 设计奖。

　　其中，V-Life 创意儿童纸家具的设计手法是：以儿童喜欢的"城堡"为设计中心，整体造型由两个六棱柱组成，六棱柱的六个面分别有特定的功能，如台阶、手工台、文具收纳区、书籍收纳区、拼搭类玩具收纳区，

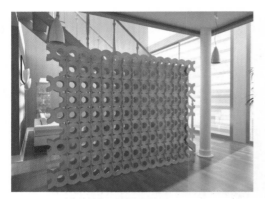

图 4-125　质朴雅致的瓦楞纸屏风

图 4-126　瓦楞纸屏风作品获中国设计红星奖银奖（奖状）

图 4-127　V-Life 创意儿童纸家具

图 4-128　V-Life 创意儿童纸家具作品获全球 iF
设计奖（奖状）

以及球类玩具和娃娃类玩具收纳区。"城堡"的一侧有手工台（图 4-129），
儿童可以在手工台上写字、画画、做手工。手工台的下面有三棱柱的垃圾
桶，儿童在做手工时可以将产生的废料及时地丢进垃圾桶，从而保持手
工台面的干净整洁。"城堡"的中央有一个六棱柱的储物筐（图 4-130），
用于放置易散乱的娃娃类玩具或球类玩具。"城堡"的另一侧有两个台阶，
儿童可以走上台阶拿取放置在"城堡"里的玩具。"城堡"还设计有文具收

图 4-129 "城堡"一侧的手工台

图 4-130 "城堡"中央的储物筐

纳盒、书籍收纳盒和拼搭类玩具收纳盒（图 4-131），收纳盒上有可爱的卡通布质拉手（图 4-132）。布质材料的应用既调和了瓦楞纸单调的色彩和质感，同时又解决了抽屉拉手的拉力问题。

图 4-131 "城堡"有多个收纳盒

图 4-132 "城堡"收纳盒上的布质拉手

图 4-133～图 4-135 是该作品的大体尺寸图，以及各细节构件的设计效果图和实物图。总体来说，这件作品设计紧凑，功能多样，装饰活泼灵巧，是一款较成功的瓦楞纸家具设计作品。

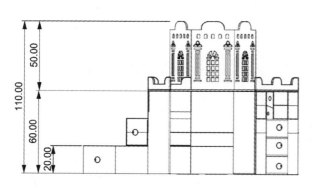
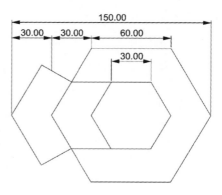

图 4-133　产品总体尺寸图（单位：mm）

纸质儿童座椅　　　　纸质垃圾桶　　　　纸质彩色铅笔盒　　　　胶带、彩带收纳盒　　　可移动纸质小工具收纳盒

图 4-134　效果图

图 4-135　实物图

4.3 国内院校实验性纸产品设计案例分析

4.3.1 "二胎时代儿童成长型家具与玩具结合"课题项目

2017 年 3 月，笔者以二胎家庭的时代背景为主题，组织仲恺农业工程学院何香凝艺术设计学院 2014 级的本科生展开"二胎时代儿童成长型家具与玩具结合"的课题项目。

本项目旨在以二胎时代为背景，利用瓦楞纸的环保特性及其生产成本低、制作工艺简单、结构简便、易印刷装饰、不易碰伤儿童等特点，研究设计并制作符合二胎家庭使用的纸质家具。本项目首先研究了纸材的结构组合方式，其次研究二胎家庭的特点与需求，最后提出设计策略和制造方法，并以一件家具设施为设计对象来拟定主题，进行二胎家庭儿童家具的生态设计。

一、产品定位

1. 确定主题

通过对当今儿童教育和众多儿童玩具与游戏的调查研究发现，"过家家"的玩具形式能充分发挥儿童的创造性能力，激发儿童多方面的潜能，使儿童在玩耍时能自然地表达各种情绪，项目因此针对以"厨房"为载体的"过家家"玩具进行设计。儿童发育快，在每个年龄阶段对玩具的需求各不相同，对玩具的需求量大，玩具更新也快。为了增加玩具的卖点和使用寿命，项目决定利用瓦楞纸轻便、易组装的特性，让产品可以从"过家家厨房玩具桌"变成"学习书桌"，使可玩性与功能性并存，以符合二胎家庭的需要。

在经过两个月的调研后发现，目前在二胎家庭中，大多数情况是当一个孩子上小学时，另一个孩子正在上幼儿园。综合这两个年龄段儿童的年龄特点、身体特点和喜好，将该产品定位在书桌和过家家厨房玩具桌的结合上是一个较佳的组合方式。过家家厨房玩具桌和书桌在结构上相似，只是高度略有差别，这样就方便产品的变形与组装。如图 4–136 和图 4–137 所示分别为过家家厨房玩具桌初定方案手绘的正面图和背面图，设计的思路是当儿童玩完过家家模式后，该玩具可以变形为一个书桌家具，供儿童继续学习使用。这样既实现了产品的多功能化，又能满足儿童的不同需要；既节省了父母的开支，又起到环保节能的作用；不仅一物两用，而且在拆装过程中能够锻炼儿童的手脑并用能力。

图 4–136　初定方案手绘正面图（郑冰莹、郭梓君的作品）　　图 4–137　初定方案手绘背面图（郑冰莹、郭梓君的作品）

2. 用户研究

考虑到二胎家庭孩子的年龄跨度，项目选择 3~10 岁儿童进行用户研究。产品需要从"过家家厨房玩具桌"变成"学习书桌"，所以将"3~10 岁"儿童分为"3~6 岁"与"6~10 岁"两个年龄阶段分别进行测量，并对儿童学习书桌高度进行数据收集。

（1）儿童身体测量数据归纳如下：

① 3~6 岁儿童身高为 92~119cm。

身高 100cm 儿童手臂长度约 45cm。

身高 100cm 儿童坐下高度约 56cm。

身高 100cm 儿童肚脐到脚板高度约 60cm。

身高 100cm 儿童头顶到肩膀高度约 24cm。

② 6~10 岁儿童身高为 119~145cm。

（2）儿童书桌尺寸测量数据归纳如下：

固定式深度 45~70cm，高度 75cm。

活动式深度 65~80cm，高度 75~78cm。

书桌长度最少 90cm（150~180cm 最佳）。

书桌台面下的空间高度不小于 58cm，空间宽度不小于 52cm。

3. 场景分析

图 4-138 中显示 2016 年中国小康家庭居住面积是 81.4m²。

图 4-139 中显示 2016 年全国人均可支配收入为 23821 元人民币。纸质玩具成本较低，可以满足普通家庭的需求。

图 4-140 中黄色部分是小轿车后座可摆放物品的最大空间尺寸 1300mm × 199mm × 1200mm。

综合分析，以大多数家庭的居住面积、小轿车可摆放物品的最大空间和儿童身高为参考，初步拟定过家家纸玩具的尺寸为 1300mm × 450mm × 1200mm，收纳后尺寸为 1300mm × 199mm × 1200mm 以内（可放入小轿车，以减少运输成本）。

	居住面积
权重	30
2005 年度	70.8
2006 年度	71.2
2007 年度	72.8
2008 年度	74.3
2009 年度	75.5
2010 年度	76.8
2011 年度	77.3
2012 年度	77.9
2013 年度	78.5
2014 年度	79.1
2015 年度	79.6
2016 年度	81.4
2016 年度增减	1.8

图 4-138　2005-2016 年中国小康家庭居住面积

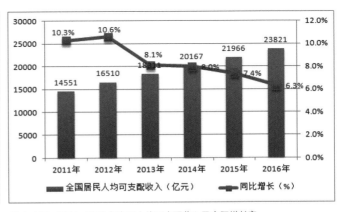

图 4-139　2011-2016 年全国人均可支配收入及实际增长率

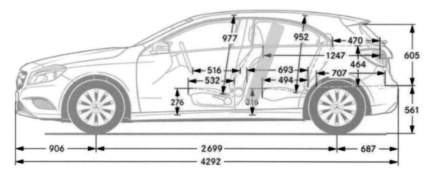

图 4-140　普通小轿车标准尺寸图（单位：mm）

4. 材料分析

（1）瓦楞纸。

A 楞（楞高 6.5mm）特性：高度和间距最大，抗压强度最高，富有弹性和缓冲性，但易受到损坏，多用于外纸箱格板。

B 楞（楞高 2.5mm）特性：强度较差，但稳定性好，表面平整，承受平面压力高，瓦楞间距小，适合印刷，用于纸箱、盒子、隔板、内衬。

（2）聚氯乙烯（PVC）：PVC 曾是世界上产量最大的通用塑料，应用范围非常广泛，在建筑材料、工业制品、日用品、地板革、地板砖、人造革、管材、电线电缆、包装膜、发泡材料、密封材料、纤维等方面均有广泛应用。

（3）合成纸：具有质地柔软、抗拉力强、抗水性高、耐光、耐冷热、能抵抗化学物质的腐蚀、无环境污染、透气性好等特性，广泛应用于高级艺术品、地图、画册、高档书刊等的印刷。

（4）魔术贴：广泛应用于服装、鞋子、帽子、手套、皮包、沙发、车船坐垫、航空用品、雨披、窗帘、玩具、睡袋、体育运动器材、音响器材、医疗器械、帐篷、小轮车护套、各类军工产品、陈列用具等，起连接固定作用。

（5）白乳胶：广泛应用于制备涂料、黏合剂等。

二、方案构建

1. 文字概念构想

对"过家家"游戏提出玩法构想：炉灶、冰箱、烤箱、洗碗盆、消毒碗柜、收纳盒、厨具、食物、收银机、旗帜、哈哈镜、时钟、菜谱等。

通过将玩法构想中的收银机扩展为餐饮游戏模式，"过家家"游戏从11个功能方面进行设计：收纳区、洗菜区、烹饪区、切菜区、食谱区、烤箱、冰箱、消毒碗柜、店面、饮食区、收银区。此外，罗列出"过家家"游戏中的食物（如蛋糕、雪糕、寿司等）和厨具（如高脚锅、平底锅等）。

2. 草图原型

对文字概念进行结构设想及草图绘制：为减少产品在家中的占地空间，在结构上采用折叠的结构模式。对11个功能方面进行空间排布，整个产品分为前后两面，前面为做饭区域，后面为售卖饮食区域。以动物城堡为主题进行设计，玩法为：①旗帜——旗帜靠绳子拉动可向上升起；②物品放置；③消毒柜——在消毒柜旁边有个大象造型的小桌子，用来做收银台；④时钟；⑤哈哈镜——在锅铲的头部装上哈哈镜；⑥炉灶；⑦烤箱——按压小熊手掌，烤箱弹出；⑧菜谱和食物贴；⑨冰箱。

3. 草模原型

初定方案：借鉴立体书中的结构，用卡纸对草图方案进行手工制作，设计的产品打开后即可开展游戏，合上后即可结束游戏，如图4-141和图4-142所示。

4. 问题分析

（1）产品寿命：纸质产品反复折叠后容易受损。作为大型玩具，立体书的结构会降低产品的稳定性，容易出现倒塌现象。

图 4-141 设计草模打开（郑冰莹、郭梓君的作品）　　　　图 4-142 设计草模合上（郑冰莹、郭梓君的作品）

（2）产品性价比：可折叠的纸产品虽然可以在家中节省空间，但折叠的结构会使产品展开时占地空间变大；家用小轿车中无法放入产品，购买后运输极不方便，增加了很多运输费用；产品本身的价格和运费很难让消费者接受。

（3）产品变换书桌模式：变换成书桌模式时，桌面高度需要达到儿童书桌的高度。立体书桌折叠时，所有大的板块都需要连接在一起，可变性低，稳固性弱，很难达到产品书桌模式的变换效果。

（4）产品玩法：

①"时钟"的玩法是由儿童自行拨动时针，需要注意儿童的身高、手臂长度应与时钟高度吻合，要能很轻松地触摸到时钟。

②"哈哈镜"玩法是将"哈哈镜"贴在锅铲上，需要注意对于玩乐中的儿童来说，容易摔坏，存在安全隐患。

5. 方案改进

针对折叠结构产生的问题，对设计产品进行改进：放弃大体块如立体书般折叠一体式的方式，采用分块拼装的方式。拼装的板块更方便运输，消费者可以通过家用小轿车将产品运输回家，省去运输费用，也方便从"游戏模式"到"书桌模式"的转变。由于转变成拼接的结构，冰箱、消毒碗柜无法形成一个整体。为增强产品的实用性，融入收纳箱的设计，将冰箱、消毒柜转变成收纳箱。放弃"时钟"和"哈哈镜"这两种玩法。"升旗"这一玩法是在一体折叠式的前提下设想的，采用拼装方式的产品，在结构上很难满足该玩法，也将其放弃。将帐篷、桌子、食物及厨具划分为配件。食物和厨具个体比较小，保留原先立体书结构的想法。

三、方案确立

1. 产品组合方式

如图 4-143 和图 4-144 所示，产品板块采用插接、榫卯结构进行拼合。如图 4-145 所示，配件部分采用魔术贴黏合（如水龙头、帐篷、桌子、猫咪箱子）。

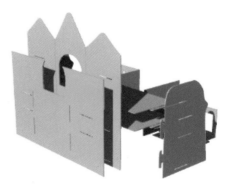

图 4-143　产品大板块爆炸图 1（郑冰莹、郭梓君的作品）

图 4-144　产品大板块爆炸图 2（郑冰莹、郭梓君的作品）

图 4-145　水龙头采用魔术贴黏合（郑冰莹、郭梓君的作品）

2. 材料选用和搭配

（1）瓦楞纸：大模型选用 6.5mm 厚度瓦楞纸，其厚度、大小、硬度等适中，承重的地方采用双层瓦楞纸，用来增加书桌的稳固性。

（2）白色卡纸：局部地方用白色卡纸，并以纯度较高的色彩彩印图案，并将其贴在瓦楞纸表面。白色卡纸具有成本低、易印刷、易切割和易黏合的特点。

（3）魔术贴：配件部分采用魔术贴连接。魔术贴具有成本低、拆装方便、可反复使用的特点。魔术贴的选用使产品更加方便运输和收纳。立体的物件采用魔术贴黏合，既可降低运输成本，又能节省存放空间。

（4）PVC：烤箱的窗口部分采用透明 PVC 材料，如图 4-146 所示。PVC 具有透明度高、韧性好、轻便和易切割的特点。采用透明 PVC 来替代窗户和烤箱的玻璃，仿真度高、轻便、安全。

图 4-146　烤箱的窗口部分采用透明 PVC 材料（郑冰莹、郭梓君的作品）

3. 成本分析

成本分析如图 4-147 所示。

名称（规格）	数量（张/瓶）	单价（元）	总价（元）	打版时间	黏合时间
瓦楞纸（6.5mm 厚） （1300mm×1700mm）	5	18	90	90 分钟	40 分钟
瓦楞纸（2.5mm 厚） （1300mm×700mm）	8	14	112	140 分钟	30 分钟
彩印 （1140mm×880mm）	2	10	20	90 分钟	30 分钟
PVC （25cm×35cm）	1	5	5		10 分钟
写字板	1	21.5	21.5		5 分钟
魔术贴 （100cm）	1	7	7		20 分钟
白乳胶 （500mL）	1	10	10		
总计			265.5	5 小时 20 分	2 小时 15 分

名称	拼装时间
过家家模式	8 分钟
书桌	4 分钟

图 4-147　成本分析

4. 整体效果图

　　产品共 11 块大板块组件、5 块组装配件、20 个卡扣、8 套食材产品、3 个收纳箱、1 个包装箱（将产品拆分压叠可放入包装箱）。其中，"过家家"游戏模式则需要 11 块大板块组件、5 块组装配件、12 个卡扣、8 套食材产品、3 个收纳箱，如图 4-148 和图 4-149 所示；"过家家"游戏模式的配件包括蛋糕、寿司、雪糕、高脚锅如图 4-150 所示；"书桌"模式需要 7 块大板块组件、10 个卡扣、3 个收纳箱，如图 4-151 所示。

图 4-148　"过家家"游戏模式正视图
（郑冰莹、郭梓君的作品）

图 4-149　"过家家"游戏模式背面图和侧面图（郑冰莹、郭梓君的作品）

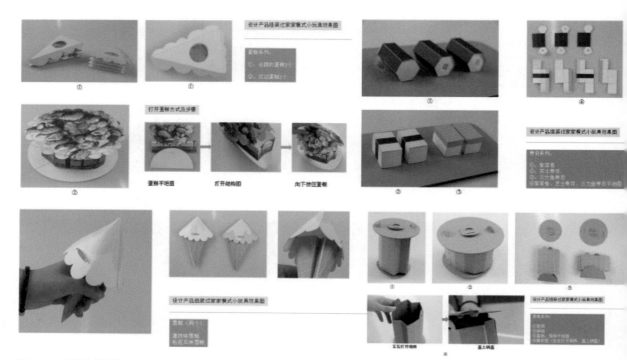

图 4-150　配件包括蛋糕、寿司、雪糕、高脚锅（郑冰莹、郭梓君的作品）

图 4-151　"书桌"模式正视图及猫咪收纳箱
（郑冰莹、郭梓君的作品）

5. 玩法分析说明

厨房玩法位于产品的正面。儿童可使用水龙头来洗菜，用自带食材、刀具等在砧板上切菜。可打开配件厨具，放入切好的食材，盖上盖子放置于烹饪区上煮菜。打开蛋糕，将蛋糕放入烤箱中，即可烤蛋糕。做好的菜肴可通过中间的传菜窗口进行售卖，左边的小黑板可进行记账。

饭店玩法位于产品的背面。儿童可打开窗口，放置菜单、招牌等。传菜口位置为桌子，可通过窗口和"店长"交流，如图4-152和图4-153所示。

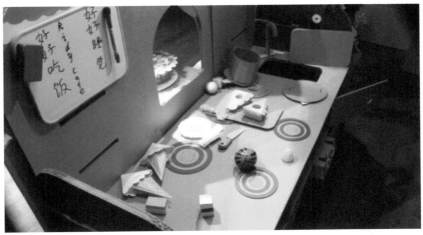

图4-152 "过家家"游戏使用场景1（郑冰莹、郭梓君的作品）

图4-153 "过家家"游戏使用场景2（郑冰莹、郭梓君的作品）

6. 变换过程分析

产品通过对大板块榫卯位置的设计，完成游戏与书桌两种模式的转换。将城堡板块拆分为三大板块，目的是满足产品拆卸时可放入家用小轿车，并完成模式转换。企鹅板块的高度为儿童书桌的高度。在游戏模式中，城堡板块作为背部的支撑，企鹅板块作为左右支撑板块。在书桌模式中，将城堡板块左右提取出来，通过榫卯位置的设计，作为书桌的左右支撑板块，而企鹅板块则作为中间支撑板块。两种模式的变换演示如图4-154所示，整个作品的玩法参见本书配套的"二胎时代儿童书桌过家家玩具"视频资料，里面清晰地介绍了产品的组装过程和使用过程。

对二胎家庭时代纸质儿童过家家玩具书桌的设计研究，从单一的玩具

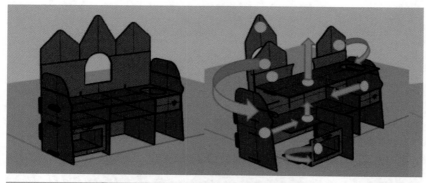
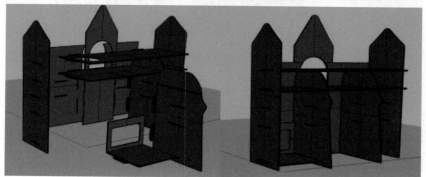

图4-154　两种模式的变换演示图（郑冰莹、郭梓君的作品）

产品角度考虑到从"二胎家庭环境"的思维角度出发，都是以社会环境为焦点进行的思考。儿童玩具不应该只思考其玩乐成分，还要实地调研用户家庭环境以得到用户需求，将用户需求巧妙地融入设计中，使产品形式与功能更贴近用户的生活环境。产品设计就应该顺应社会的发展，融入用户的生活，只有这样，纸质产品才能在国内逐渐得到推广。（该套纸玩具的功能和玩法见配套的视频文件——附录6，请联系出版社免费获取。）

4.3.2 "人体的奥秘——纸质大型互动式科普教具（玩具）创作"课题项目

人体的奥秘——
测试视频

本案例是笔者带领仲恺农业工程学院何香凝艺术设计学院2013级产品设计专业的学生林国明和陆泗恒共同进行的纸产品毕业设计课题项目，并获得了2017年校级优秀毕业设计和毕业论文奖。此纸产品是以瓦楞纸为主材，围绕"人体的奥秘"主题进行创作的，并参考立体书的设计原理，再结合多个机械结构设计制作的。纸产品包括呼吸系统、神经系统、消化系统、泌尿系统4个大型互动式科普教具（玩具），其可活动的结构达数十个。此案例从前期的调研到设计、制作共用了大半年时间，最终实物作品经测试均能够达到互动操作。

本案例的纸产品的使用场景包括科学博物馆、儿童医院和小学等，纸产品的4个系统的造型分别对应的是一家四口的人物形象，强壮的爸爸——呼吸系统、苗条的妈妈——泌尿系统、大胖子哥哥——消化系统、小个子弟弟——神经系统。本案例的纸产品之所以围绕一家四口人物形象进行设计是为了让该套纸产品更具系统性，同时也是为了使其更具吸引力。

"呼吸系统"纸产品设计方案提取了人体上呼吸道的咽、喉，以及下呼吸道的气管和肺部来展现人体在呼吸时呼吸系统的运作（图4-155和图4-156）。

"神经系统"纸产品设计方案模拟了躯体感觉中枢、听觉中枢、视觉中枢和嗅觉中枢，并结合互动灯光展示人身体各项感官功能与大脑信息传输的关系（图4-157～图4-159）。

图 4-155 "呼吸系统"纸产品活动示意图（林国明和陆泗恒的作品）

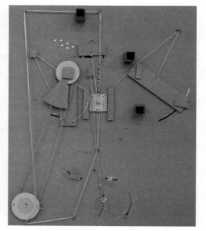

图 4-156 "呼吸系统"纸产品背面结构图（林国明和陆泗恒的作品）

图 4-157 "神经系统"纸产品活动示意图（林国明和陆泗恒的作品）

图 4-158 "神经系统"纸产品结构图（林国明和陆泗恒的作品）

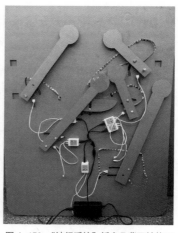

图 4-159 "神经系统"纸产品背面结构图（林国明和陆泗恒的作品）

    "消化系统"纸产品是模拟食物在消化道的运作过程，在纸产品中投放食物后，通过转动转盘，可以控制嘴、胃和肠道的联动结构，完成食物的输送（图 4-160）。

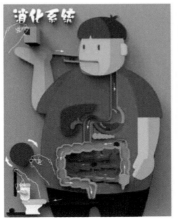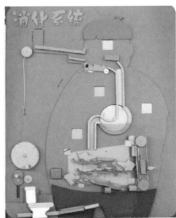

图 4-160 "消化系统" 纸产品运作结构图（林国明和陆泗恒的作品）

"泌尿系统" 纸产品是通过转动控制转盘，使灯光显示尿液从肾脏输送到膀胱，并在膀胱里存储的过程。当按下马桶标志按钮时，还会显示尿液从膀胱排出的过程（图 4-161）。

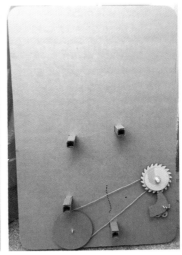

图 4-161 "泌尿系统" 纸产品运作结构图（林国明和陆泗恒的作品）

第 5 章　废旧纸箱改造家居产品的方法

　　本章旨在通过纸箱回收再利用的知识普及，让读者掌握基本的纸箱设计改造知识及纸产品的制作技术，能够将最简单的废旧纸箱变为实用的家居生活用品。在满足家居使用需求的同时，解决废旧纸箱处理难的问题，切实践行绿色生活方式，推动国家环保进程。

作为电商大国，我国每年因网购而产生的废旧纸箱多达百万吨，而对这些废旧纸箱的回收再利用却相当困难。中华人民共和国国家邮政局有关数据显示，2015 年全国快递业务量为 206.7 亿件，1 年消耗掉的快递纸箱超过 100 亿个。这相当于 1 年要消耗掉数千万棵树，这会产生大量的废水、废气，给环境带来巨大危害。我国至今尚未建成有效的包装回收再利用网络系统，包装回收问题一直没有受到应有的重视。此外，纸质快递包装箱再次使用时，其强度和韧性也会大大降低。如图 5-1 和图 5-2 所示是使用后的纸质快递包装箱。

2019 年 6 月 5 日第 48 个世界环境日倡导人们要为实现绿色生活方式而努力，实现绿色生活方式非一日之功，我们每个人都应该做绿色生活的践行者、推动者。其实每一个废旧纸箱都是非常宝贵的资源，只要我们利用日常的一些普通切割工具，就能根据需要把一个个普通的废旧纸箱"变"为家具、鞋柜、玩具等产品，实现废旧纸箱的再利用。

图 5-1 堆放于某高校卫生间外的数个纸质快递包装箱

图 5-2 "双十一"后某家庭购买的纸尿裤纸质快递包装箱

5.1 废旧纸箱改造的产品的优缺点及常用解决方法

一、废旧纸箱改造产品的优缺点

废旧纸箱改造的产品除了具有取材方便、廉价的优点外，还具有以下缺点：

（1）纸质快递包装箱再次使用时，其强度和韧性会大大降低。

（2）多数纸箱表面印刷了很多文字和广告，不利于改造新产品的表面装饰。

（3）各种纸箱的厚度不均匀、不统一、有折痕等问题。

二、应对废旧纸箱改造产品缺点的常用解决方法

（1）可以运用多层瓦楞纸粘贴的方法来增加厚度和强度，按照设计产品所需的纸样切割多个纸箱，得到多层瓦楞纸，然后按照所需厚度粘贴形成新的纸板，就可以解决强度不够的问题。

（2）针对废旧纸箱表面印刷有文字和广告的缺点，可以通过两种方式解决：其一是通过覆盖包装纸来装饰表面（如图5-3所示的纸鞋柜表面覆以字母包装纸，在增加了设计感之余，又能覆盖掉旧纸箱的印刷图案，起到了很好的装饰作用）；其二是用水粉颜料涂抹，覆盖掉旧的印刷图案，如图5-4所示的纸圣诞树装饰。

（3）废旧瓦楞纸箱一般都有折痕，如果折痕在平面作品上，则影响较小（如图5-4所示的纸圣诞树上有一些旧折痕，但因为是处在一个平面上，所以不影响制作）；如果折痕正好处于需要弯折的块面中，则应避开原有折痕做一些小产品，如小纸凳；如果遇到冰箱、洗衣机这类大件产品的包装纸箱，那么就可以很方便地"开料"来做一些新的大产品，如鞋柜。

图5-3　纸鞋柜表面覆以字母包装纸　　　　图5-4　用水粉颜料覆盖纸箱图案的纸圣诞树

5.2 纸箱改造涉及的工具、辅助材料及使用方法

（1）大号美工刀、直尺（图5-5和图5-6）。

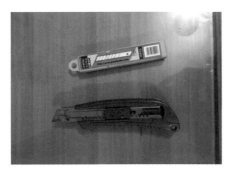

图5-5　大号美工刀

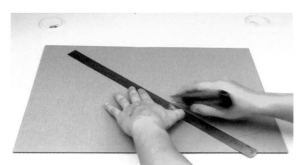

图5-6　使用美工刀和直尺切割瓦楞纸（Mini Gear 视频资料截图）

美工刀可分正向用（刀刃）和反向用（刀背）。正向用于切割纸张；反向用于在纸张上划痕，方便瓦楞纸依划痕折叠用。

当瓦楞纸上有了刻痕后，需要折叠时，必须要用直尺加以辅助，一边按一边折叠。如果徒手直接折叠瓦楞纸，则会产生图5-7红圈中所示的不平整的折痕。

在瓦楞纸上切割圆形时，首先要用圆规在瓦楞纸板上画好圆（图5-8），

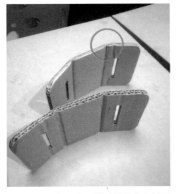

图5-7　没有用直尺辅助折叠产生的不平整折痕

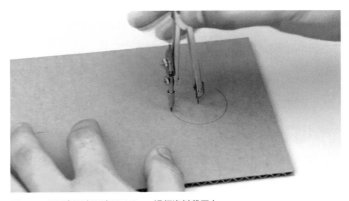

图5-8　用圆规画好圆（Mini Gear 视频资料截图）

然后用美工刀刀刃一点一点地沿着线条切割，即可得到一个完整的圆洞（图5-9和图5-10）。

图5-9　用美工刀刀刃一点一点地沿着线条切割（Mini Gear视频资料截图）

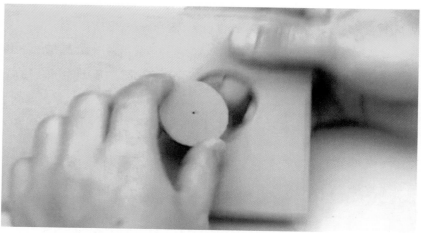

图5-10　得到完整的圆洞（Mini Gear视频资料截图）

（2）手锯和砂纸，用于切割和打磨纸管等较硬的纸材。

如图5-11所示是家用手锯，可以切割较厚、较硬的纸材。砂纸用于打磨切割后的纸材的粗糙边缘。如用手锯切割纸管，则会产生较粗糙的毛边，这时再用美工刀把大的毛边切割掉，并用砂纸轻轻打磨边沿，最后会得到较平整的边沿（图 5-12~ 图 5-14 ）。

图 5-11　手锯

图 5-12　用手锯切割纸管

图 5-13　切割后的纸管边缘较粗糙

图 5-14　用砂纸打磨切割后的粗糙纸管边缘

（3）热溶胶枪，用于牢固地黏合纸板（图 5-15 和图 5-16 ）。

（4）白乳胶，用于大面积地黏合纸板。

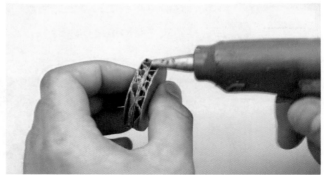

图 5-15　热溶胶枪

图 5-16　用热溶胶枪牢固地黏合纸板（Mini Gear 视频资料截图）

（5）魔术贴（图 5-17），用于需要粘贴经常连接和拆卸的部位。

（6）布料、麻绳或装饰绳等，用于装饰或连接捆绑纸板与纸板之间的连接处。

如图 5-18 所示，纸圣诞树顶端用装饰绳来绑定两块纸板的顶角，起到固定作用。

图 5-17　魔术贴

图 5-18　圣诞树顶端用装饰绳来绑定两块纸板的顶角

5.3 实践案例分析

一、纸圣诞树

　　纸圣诞树的结构采用简单的断面组合式，如图 5-19 所示为纸圣诞树在瓦楞纸板上的裁切图样。纸圣诞树一共需要两片"树身"，在中间分别开上下两条槽，槽的宽度与瓦楞纸板厚度一致；另外，在两片"树身"的顶端分别开两个圆洞，以便纸圣诞树插接组装起来后用丝带固定顶端（图 5-20）。瓦楞纸板的纸样切割好后，再用剩余的纸板边角料切割出"礼物""雪花"等装饰件，并用水粉颜料把树身涂成绿色，其余装饰件按喜好搭配涂抹相应的颜色。等颜料干后，将两片树身呈"十"字形摆开，按开槽插接起来，再用丝带固定顶端，继而吊挂和粘贴上各种装饰件，一棵纸圣诞树就呈现出来了。纸圣诞树的装饰手法多种多样，不限于此，读者朋友可以根据自己喜好进行不同的装饰和点缀。

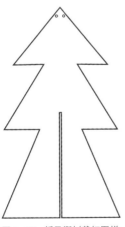

图 5-19　纸圣诞树裁切图样

图 5-20　纸圣诞树的最终效果

二、纸凳子

纸凳子是运用空间组合式结构设计的（折叠和插接结构结合使用），图 5-21 显示了各构件的形状和尺寸。当然，读者设计时可以根据需要按纸材厚度、比例来缩小或放大纸样，制作更小或更大的纸凳子产品。图 5-21 中黑色线为切割线，紫色线为折叠线。图 5-22 为纸凳子效果图和组装方式图。该纸凳子产品稳固，组装结构简单，表面局部饰以字母包装图案纸，增加了设计感。（更直观的安装方式可见配套的 AutoCAD 文件和视频文件——附录 7，请联系出版社免费获取。）

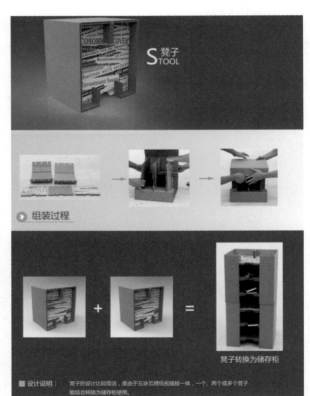

图 5-21 各构件的形状和尺寸（单位：mm）

图 5-22 效果图及组装方式图（郭茂裕的作品）

三、纸茶几

纸茶几同样运用了空间组合式结构，图 5-23 为各构件的形状和尺寸，图 5-24 为效果图和组装方式图。（更直观的安装方式可见配套的 AutoCAD 文件和视频文件——附录 8，请联系出版社免费获取。）

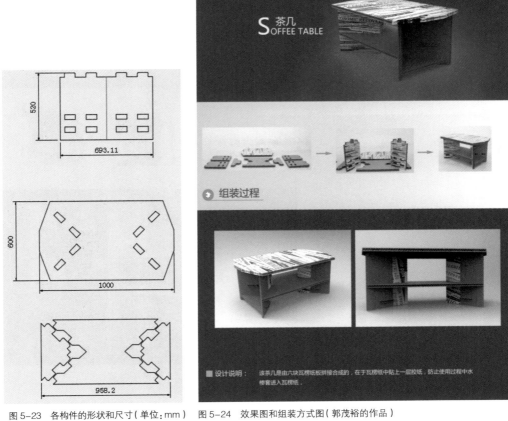

图 5-23　各构件的形状和尺寸（单位：mm）　　图 5-24　效果图和组装方式图（郭茂裕的作品）

四、纸鞋柜

纸鞋柜除了运用空间组合式的折叠插接结构外，还运用了魔术贴材料进行内隔变换，以适合放较高的鞋和普通高度的鞋，用硬胶螺丝钉增加稳固性。图 5-25 为各构件形状和尺寸图。图 5-26 为效果图和组装方式图。（更直观的安装方式可见配套的 AutoCAD 文件和视频文件——附录 9，请联系出版社免费获取。）

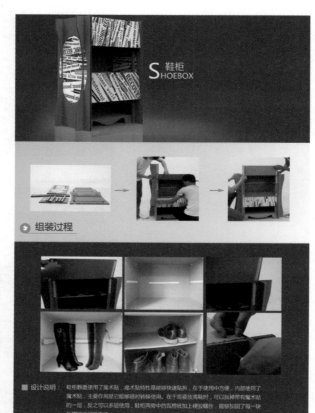

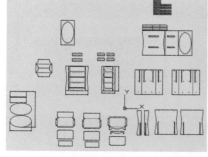

图 5-25　各构件的形状和尺寸（单位：mm）　　　　图 5-26　效果图和组装方式图（郭茂裕的作品）

　　本案例巧妙地运用了魔术贴来解决鞋柜层高与层数的问题，但凡遇到类似需要转换方式的结构，都可以考虑利用魔术贴来解决。

五、纸厨房玩具

图5-27是网络上发布的一位妈妈用废旧纸箱制作的纸厨房玩具，该案例是一个很好的纸箱改造实例，本书引用过来说明瓦楞纸废旧纸箱改造玩具的可行性。该系列玩具主要沿用纸箱方正的形态，通过切割、拼接、折叠、布艺装饰等手法制作一系列丰富的厨房玩具，包括灶台、洗手池、油烟机、冰箱、微波炉、碗柜等，制作简单、可玩性强。

图5-27　纸厨房玩具

参考文献

毕留举，2009. 瓦楞纸板在家具设计教学中的应用价值 [J]. 中国轻工教育（4）：48-50.

毕留举，2010. 瓦楞纸板家具设计中的结构形式分析 [J]. 包装工程（2）：14-17.

陈惠，张求慧，2012. 纸质家具的发展现状及趋势 [J]. 家具与室内装饰（5）：68-69.

陈进，2010. 论中国传统元素与环保型概念家具的结合 [D]. 青岛：青岛大学.

陈书琴，2013. 瓦楞纸民用家具设计之成败因素分析 [J]. 装饰（10）：115-116.

段海燕，贺小翠，尚大军，等，2008. 纸质家具及其未来发展 [J]. 包装工程（6）：197-199.

高冉冉，2011. 纸玩具开发与设计研究 [D]. 天津：天津科技大学.

高雨薇，2012. 奇妙的纸家具 [J]. 绿色中国（4）：50-53.

耿晓杰，李超，2012. 是家具，也是玩具——关于儿童纸板家具的设计思考 [J]. 家具与室内装饰（6）：104-105.

何少石，2008. 面向生产的纸质家具设计研究 [D]. 成都：西南交通大学.

胡靓，2014. 模块化会展展示设计探索 [D]. 杭州：中国美术学院.

黄明华，蒋伟，王垚，等，2014. 阳光城？广亩城？——从新版用地标准看中国城市居住用地的未来发展 [J]. 城市发展研究（05）：66-72.

黄圣游，张响三，林立平，2008. 纸质材料在儿童家具中的应用 [J]. 家具与室内装饰（3）：70-71.

江尔德，2009. 纸质家具的研究与设计 [D]. 哈尔滨：东北林业大学.

靳晓彤，2011. 论家具中的折叠及其在现代设计中的应用 [D]. 昆明：昆明理工大学.

李国志，2011. 纸质展示道具在会展业中的应用 [J]. 美术大观（3）：117.

李萌，王枫红，2018. 系统论在现代纸制家居产品设计中的应用与研究 [J]. 图学学报（4）：679-683.

李忠文，熊涛涛，孟海，2010. 瓦楞纸产品在生活中的应用研究 [J]. 家具与室内装饰（9）：56-57.

林立平，2010. 纸家具的设计策略与原则 [J]. 家具与室内装饰（11）：48-49.

林立平，张一诚，2009. 纸家具的设计与应用分析 [J]. 广西轻工业（5）：121-122.

刘爱平，于伸，2011. 纸板家具设计与制作工艺探析 [J]. 包装工程（12）：57-60.

刘娜，2016. 儿童房室内空间设计研究 [J]. 家具与室内装饰（01）：72-74.

罗珊，2011. 纸箱式模块结构简易家具的设计 [J]. 艺术探索（3）：112-113.

Michael Czerwinski, Santiago Perez, 2010. Outside the Box: Cardboard Design Now [M]. London：Black Dog Publishing.

缪炜，2011. 基于接受理论的儿童纸家具设计研究 [D]. 成都：西南交通大学.

Rebecca Proctor，2009. 1000 New Eco Designs and Where to Find Them [M]. London：Laurence King Publishing.

舒悦，2014. 瓦楞纸在会展空间构建中的应用研究 [J]. 工业设计研究辑刊（第二辑）：78-79.

苏颖君，2016. 纸材家具模块化设计研究 [D]. 广州：华南理工大学.

孙铭，2009. 儿童动画的角色形象设计研究 [D]. 无锡：江南大学.

唐巧兰，2014. 论儿童钢琴教学中的几点问题 [J]. 北方音乐（08）：142.

万辉，于伸，江尔德，2008. 家具造型创新设计新途径——纸浆模塑家具初探 [J]. 家具与室内装饰（10）：11-12.

王丹，2012. 趣味性和益智性儿童家具设计研究——以纸质家具为例 [D]. 长沙：中南林业科技大学.

王晖，彭文波，2002. 日本建筑师阪茂和他的纸建筑研究 [J]. 中外建筑（2）：35-36.

王所玲，2012. 瓦楞纸板在家具设计中的应用研究 [J]. 包装工程（12）：44-47.

王薇，2008. 绿色展示设计——利用瓦楞纸做展示道具设计 [J]. 消费导刊（22）：196.

Will Holman, 2015. Guerilla Furniture Design: How to Build Lean, Modern Furniture with Salvaged Materials [M]. Massachusetts：Storey Publishing.

邬瑞东，2005. 纸质材料及其在家具中应用的研究 [D]. 北京：北京林业大学.

徐筱，2013. 瓦楞纸板延展品的应用与设计研究 [J]. 生态经济（中文版）（05），194-196.

姚大斌，2011. 绿色设计 3R 原则与纸质家具设计 [J]. 包装世界（3）：88-89.

叶培，陈书琴，郑冰莹，2017. 环保安全型纸质儿童可拆装玩具设计研究 [J]. 家具与室内装饰（11）：84.

张璐霞，2016. 儿童瓦楞纸板家具的可玩性设计研究 [D]. 北京：北京林业大学.

张雨，胡维平，2012. 浅谈瓦楞纸板材料在展示设计中的应用 [J]. 美术界（11）：104.

章向宇，2011. 纸质家具设计的研究 [D]. 长沙：中南林业科技大学.

周兵，张书鸿，2016. 形态模拟在儿童居室设计中的应用研究 [J]. 家具与室内装饰（02）：94-95.

周颐，周威，2011. 镀铝瓦楞纸板商业化应用探讨 [J]. 东北农业大学学报（社会科学版）（4）：58-59.

朱伟，2013. 纸·玻璃 [J]. 上海建材（06）：36-37.

朱云，刘秀，肖潭，2015. 基于可成长理念的学前儿童家具设计 [J]. 包装工程（16）：61-64.

后　记

在 2010 年与深圳市景初家具设计有限公司合作的横向课题"瓦楞纸儿童纸家具设计"期间，在该公司总经理刘永飞先生的指导和帮助下，我创作了一批纸家具作品，其中一件作品荣获 2013 年中国设计红星奖及广东省第六届"省长杯"奖项。自此之后，我对瓦楞纸产品设计产生了莫大的兴趣。在我所供职的仲恺农业工程学院何香凝艺术设计学院，我和学生一起开展了多项瓦楞纸产品创意课题的研究，在此期间设计创作的纸产品成果良多，并成功申请下了 2015 年度教育部人文社会科学研究青年基金项目《面向中国环保未来的纸民用家具设计研究》（编号 15YJC760010）。在完成课题期间，我发表了多篇论文。2016 年，我与华南理工大学设计学院产品设计系李萌主任及旺盈印刷集团（国际）有限公司合作开发纸玩具和纸质办公家具课题项目，设计的多件作品实现打版并申请了专利，其中"SOHO 办公纸家具"入围 2017 年德国红点设计大奖。

总结十年对瓦楞纸产品研究的经历，我积累了些许心得体会。因此，撰写这本书，既是对自己研究成果的总结，也希望能给相关研究领域的学者、从业人员、学生提供参考。

非常感谢在我研究过程中帮助过我的专家、学者、企业人员及学生们！尤其感谢广州美术学院童慧明教授、仲恺农业工程学院何香凝艺术设计学院首任院长尚华教授，以及将我带入瓦楞纸产品领域的深圳市景初家具设计有限公司总经理刘永飞先生。

特别感谢我的家人，在我研究和撰写本书的过程中给予我的无限支持！谨以此书作为礼物献给他们。

陈书琴

2019 年 7 月 18 日于广州